EINZELSCHRIFTEN

Christoph Moritz Wittmann
Investment Banking und Nachfolgeberatung der Sparkassen – Analyse von Effizienz und Notwendigkeit eines Leistungsangebots
Lohmar – Köln 2010 • 284 S. • € 58,- (D) • ISBN 978-3-89936-904-5

Marcus M. Gillhofer
Teilnehmer-Rekrutierung in der Online-Sozialforschung
Lohmar – Köln 2010 • 160 S. • € 47,- (D) • ISBN 978-3-89936-905-2

Jörn-Axel Meyer (Hrsg.)
Strategien von kleinen und mittleren Unternehmen – Jahrbuch der KMU-Forschung und -Praxis 2010
Lohmar – Köln 2010 • 648 S. • € 83,- (D) • ISBN 978-3-89936-911-3

Christian Kille
Güteraufkommen nach Branchen
Lohmar – Köln 2010 • 272 S. • € 58,- (D) • ISBN 978-3-89936-919-9

Antonio Vera
Krankenhausmanagement in einem wettbewerbsorientierten Umfeld
Lohmar – Köln 2010 • 200 S. • € 49,- (D) • ISBN 978-3-89936-922-9

Georges Ulrich und Rödiger Voss (Hrsg.)
Hochschul Relationship Marketing
Lohmar – Köln 2010 • 180 S. • € 48,- (D) • ISBN 978-3-89936-923-6

Christina Völkl-Wolf
Internetgestützte Untersuchung zu Kompetenzen in der Prozentrechnung bei Erwachsenen und Jugendlichen – Neue Erkenntnisse zur Repräsentativität von Online-Befragungen
Lohmar – Köln 2010 • 292 S. • € 59,- (D) • ISBN 978-3-89936-929-8

Robert Kühn und Tanja Siebert
Key Account Management in global tätigen Logistikkonzernen – Strategie, Planung und Implementierung
Lohmar – Köln 2010 • 88 S. • € 37,- (D) • ISBN 978-3-89936-930-4

Robert Kühn und Tanja Siebert

Key Account Management in global tätigen Logistikkonzernen

Strategie, Planung und Implementierung

EUL VERLAG

Bibliografische Information der Deutschen Nationalbibliothek

Die Deutsche Nationalbibliothek verzeichnet diese Publikation in der Deutschen Nationalbibliografie; detaillierte bibliografische Daten sind im Internet über <http://dnb.d-nb.de> abrufbar.

ISBN 978-3-89936-930-4
1. Auflage Juni 2010

JOSEF EUL VERLAG GmbH
Brandsberg 6
53797 Lohmar
Tel.: 0 22 05 / 90 10 6-6
Fax: 0 22 05 / 90 10 6-88
E-Mail: info@eul-verlag.de
http://www.eul-verlag.de

Bei der Herstellung unserer Bücher möchten wir die Umwelt schonen. Dieses Buch ist daher auf säurefreiem, 100% chlorfrei gebleichtem, alterungsbeständigem Papier nach DIN 6738 gedruckt.

Vorwort

Dieses Buch entstand im Rahmen meines betriebswirtschaftlichen Studiums mit der Fachrichtung Spedition, Transport und Logistik an der Dualen Hochschule Baden-Württemberg in Mannheim.

Mein besonderer Dank gilt zunächst Herrn Prof. Dr. Rolf Fuhrmann für die Annahme des Themas, die umfangreiche Unterstützung sowie die vielen Anregungen und Diskussionen.

Zudem danke ich meiner fachlichen Betreuerin und Co-Autorin Frau Tanja Siebert, die mich persönlich inspiriert, für das Key Account Management begeistert und während der Anfertigung meiner Arbeit durch konstruktive Gespräche engagiert und wohlwollend begleitet hat.

Von unverzichtbarer Bedeutung für meine Ausarbeitungszeit war die familiäre Unterstützung. Der größte Dank gebührt meinen Eltern und meiner Freundin Camilla, die mich während meines gesamten Studiums vorbehaltlos sowohl ideell als auch materiell gefördert haben und mir die Freiheit gaben, einen meinen fachlichen Neigungen entsprechenden akademischen Werdegang einzuschlagen.

All diesen Menschen sei dieses Buch gewidmet.

Mannheim, 10. März 2009 Robert Kühn

Gliederung

VORWORT V

GLIEDERUNG VII

ABBILDUNGSVERZEICHNIS IX

ABKÜRZUNGSVERZEICHNIS XI

1 EINFÜHRUNG IN DIE THEMATIK 1

1.1 Aktuelle Entwicklungen 1
1.2 Was ist Key Account Management? 3
1.3 Problemstellung 4
1.4 Zielsetzung und Verlauf 6

2 DER WEG AUF DIE ERFOLGSSPUR 9

2.1 KAM Entwicklung in Deutschland 9
2.2 KAM Entwicklung in Europa 9
2.3 KAM in der Logistikbranche 10

3 DAS ST. GALLENER KAM-KONZEPT 11

3.1 Das Schlüssel-Schloss-Prinzip 11
3.2 Die vier Phasen 13
3.3 Zwei Ebenen im KAM 15
3.3.1 Die funktionale Ebene des KAM 16
3.3.2 Die organisatorische Ebene des KAM 19
3.4 Unterschiedliche Betrachtungsweisen des KAM-Konzepts 21
3.4.1 Das prozessorientierte KAM Modell 22
3.4.2 Das fächerorientierte KAM Modell oder die fünf „S“ 24
3.5 Zwischenergebnis 26

4 KEY ACCOUNT MANAGEMENT IN EINEM LOGISTIKKONZERN........29

4.1 Die Rückbetrachtungen der Ereignisse........29

4.2 Der Projektstart in der deutschen Landesorganisation........30

4.3 Die organisatorische Ebene: KAM-Fundament........33

4.3.1 Neuausrichtung der Organisation........33

4.3.2 Verkäufer oder Key Account Manager?........34

4.3.3 Auswahlkriterien für die Bestimmung von Key Accounts........37

4.3.3.1 Die sechs Kriterien zur Bestimmung von Key Accounts........38

4.3.3.2 Die Bewertung des Erfolgspotentials........40

4.3.3.3 Ein mögliches siebtes Kriterium........41

4.3.4 Informations- und Controllingsysteme im KAM........42

4.4 Die organisatorische Ebene: KAM-Integration........43

4.4.1 Anpassung der Weiterbildungsmöglichkeiten........44

4.4.2 Personalbedarfsplanung........45

4.4.3 Das Stellenprofil eines Key Account Managers........45

4.4.4 Schulungsbedarf im Bereich KAM........49

4.4.5 Key Account Support-Teams........50

4.4.6 Entlohnungssystem für Key Account Manager........51

4.5 Die funktionale Ebene: KAM-Analyse........55

4.5.1 Analyse der KAs........55

4.5.2 Analyse Tools im KAM........56

4.5.2.1 Customer Account Summary........56

4.5.2.2 Customer Account Plan in detail........58

4.5.2.3 Supply Chain Map........58

4.5.2.4 Customer Sector Strategy........58

4.5.3 Ermittlung eines geeigneten CRM-Systems........59

4.6 Die funktionale Ebene: KAM-Realisierung........60

5 SCHLUSSBETRACHTUNG........61

ANHANG........63

LITERATURVERZEICHNIS........69

INTERNET QUELLENVERZEICHNIS........75

Abbildungsverzeichnis

Abbildung 1: Mögliche Win-Win-Potentiale 11

Abbildung 2: Darstellung der funktionalen und organisatorischen Ebene 14

Abbildung 3: Der KAM-Zirkel 16

Abbildung 4: Strategiemöglichkeiten zwischen Key Account & Unternehmen 17

Abbildung 5: Das KAM Gesamtmodell 20

Abbildung 6: Darstellung der KAM-Analyse als Prozess 23

Abbildung 7: Die fächerorientierte Darstellung 25

Abbildung 8: Fragenkatalog vor der Praxiseinführung 27

Abbildung 9: European Management 30

Abbildung 10: Der Übergangsprozess vom Verkäufer zum KA Manager 32

Abbildung 11: Die deutsche Unternehmensorganisation als Matrix 33

Abbildung 12: Differenzierung Verkäufer zu Key Account Manager 36

Abbildung 13: Die Key Account Selektionskriterien 38

Abbildung 14: Das Soll-Profil eines Key Account Managers 48

Abkürzungsverzeichnis

CAS	Customer Account Strategy
CRM	Customer Relationship Management
IT	Informationstechnologie
KA	Key Account
KAM	Key Account Management
KA-Mgr.	Key Account Manager
LLP	Lead Logistics Provider
NBP	New Business Plan
RFID	Radio Frequency Identification
TÜV	Technischer Überwachungs-Verein
USA	United States of America

1 Einführung in die Thematik

1.1 Aktuelle Entwicklungen

Die aktuelle wirtschaftliche Lage, verursacht durch die Finanzkrise, wirkt sich mittelbar auf den Großteil der Unternehmen aus. Bisher betroffen sind die Produktions- und Handelsunternehmen. Diese sind wiederum die Kunden der Logistikdienstleister, denen sich dieses Buch widmet. Unter Berücksichtigung der Auswirkungen der Finanzkrise fällt die Erkenntnis nicht schwer, dass sich der Konzentrationstrend, wegen steigender Liquiditätsengpässe vieler Unternehmen, zwangsläufig fortsetzen wird[1]. Die sich dadurch verändernde Struktur der Kunden und der Logistikdienstleister, könnte eine ähnliche Veränderung erleben, wie beispielsweise die Einzelhandelsunternehmen in den 70er Jahren.

Erinnert man sich zurück, kennen viele noch die Zeit der „Tante Emma Läden“[2]. An der Wand hinter dem Verkaufstresen, von dem die Dame ihre Stammkunden freundlich mit Namen begrüßte, hing ein Schild mit der Aufschrift: “Der Kunde ist König“. Das allerdings war keine Floskel, sondern gängige Praxis. „Tante Emma“ kannte die bevorzugten Produkte der Kundschaft und konnte somit, falls nötig, eine knapp werdende Ware aus ihrem Sortiment für ihre Stammkundschaft zurückhalten. Einen solchen Laden gab es in fast jedem Ort mitten im Zentrum, so dass man nicht weit laufen musste.

Als sich dann jedoch ein neues Geschäft ansiedelte, das sich Supermarkt nannte, geschah der erste Umbruch. Kunden wurden eine anonyme, mit Kaufkraft ausgestattete Zielgruppe, die die Vorzüge der größeren Produktvielfalt und günstigeren Preise gerne annahm. Supermärkte schossen an allen Ecken aus dem Boden. Ausschlaggebend für die Standorte waren möglichst niedrige

---

[1] Vgl. Biesel, H., 2002, S. 5
[2] Vgl. Sieck, H., 2005, S. 8

Grundstückspreise, um die Gewinnmargen zu maximieren. Die Verdrängung der Tante Emma Läden war erfolgreich. Die Philosophie: der Kunde ist König, ging damit verloren – vorerst.

Denn mittlerweile haben Kaufhausbetreiber die Vorteile des Tante Emma Prinzips erkannt – die Kundenbindung. Folglich entstanden Payback-Karten, Kundeninformationen wurden gesammelt und genutzt. Zum Geburtstag wurde beispielsweise eine parfümierte Glückwunschkarte mit handsignierter Unterschrift des Geschäftsführers zusammen mit einem Rabattgutschein versendet. Der initiierte Umsatz übersteigt den Rabatt des Kunden und führt zu einem angestrebten Mehrumsatz. Ähnliche Bemühungen unternahmen auch Apotheker, Schneider oder Autohäuser, um ihre Kunden mit Taschentüchern, Empfehlungen und Erinnerungen, zum Beispiel an den nächsten TÜV Termin, an sich zu binden. Tante Emma kannte die Details ihres überschaubaren Kundenkreises auswendig. Heute nutzt man dafür Computer gesteuerte Customer Relationship Management (CRM) Programme.

Was damals Einzelhandelsstammkunden[3] waren, sind für die heutige Wirtschaft die Schlüsselkunden, so genannte Key Accounts[4] (KAs). Der Vertrieb konzentriert sich vermehrt auf diese Kunden, die in der Regel international agieren, was dazu führt, dass Vertriebsprozesse immer komplexer und somit in den Fokus der Strategiemanager geraten[5].

---

[3] Stammkunden haben ein regelmäßiges Kaufverhalten, erzeugen sowohl bedeutende als auch unbedeutende Umsätze und sind austauschbar.
[4] Key Accounts erzeugen bedeutende Umsätze und sind schwer zu ersetzen.
[5] Vgl. Biesel, H., 2002, S. 5

1.2 Was ist Key Account Management?

Key Account Management (KAM) ist ein ganzheitlicher, methodischer Ansatz in der strategischen Kundenbindungsentwicklung. Es dient dem Auf- und Ausbau langfristiger, partnerschaftlicher Kundenbeziehungen. Dem KA wird ein für ihn zuständiger Mitarbeiter zugeteilt, getreu dem Motto: one face to the customer.

Um erfolgreich zu funktionieren, muss die Organisation ihre Struktur und die Prozesse an den Bedürfnissen und der Unternehmensstruktur der KAs ausrichten, um das sogenannte „one voice to the customer“ sicherzustellen. Zur Steuerung und Entwicklung der KAs und dem damit angestrebten Wachstum und Umsatz werden Methoden zur Überwachung und Entwicklung eingesetzt.

Somit entstand ein neues System: das KAM. Dieses beschränkt sich jedoch nicht nur auf den Vertrieb von Leistungen des Unternehmens an den Kunden. KAM beeinflusst zahlreiche Funktionen, Hierarchieebenen und Ländergesellschaften eines Unternehmens[6].

Dieses System entwickelte sich Ende der sechziger Jahre in den USA und hat sich in den siebziger Jahren nach Europa ausgeweitet, in den achtziger Jahren weiterentwickelt, in den neunziger Jahren globalisiert und wird bis heute weiter spezialisiert[7].

KAM ist jedoch nicht nur dann KAM, wenn es als solche Institution in die Unternehmensorganisation eingebunden wird. Vielmehr spricht man bereits von KAM, wenn Schlüsselkunden identifiziert wurden und in einer nicht näher vorgegebenen Art und Weise besonders betreut werden[8].

---

[6] Vgl. Jensen, O., 2004, S. IX
[7] Vgl. Belz, C., Müllner, M., Zupancic, D., 2004, S. 30
[8] Vgl. Sidow, H., 1993, S. 13

In wirtschaftlich schwierigen Zeiten ist die Abhängigkeit der Unternehmen von KAs groß. Deshalb geht man davon aus, dass KAM zukünftig für nahezu jedes Unternehmen eine existentielle Herausforderung darstellen wird. Diese Abhängigkeit besteht aber gleichermaßen auch für die KAs, die, wenn sie keine partnerschaftlichen Beziehungen zu ihren Lieferanten eingehen, wertvolle Synergiemöglichkeiten beim Abstimmen ihrer Prozesse verlieren[9].

1.3 Problemstellung

Im Rahmen der vertrieblichen Aktivität wird auch bei dieser Unternehmensgruppe bereits die Betreuung von Großkunden erfolgreich eingesetzt. Die Gestaltung der Großkundenbetreuung erfolgt jedoch, bedingt durch die Aufteilung in einzelne Geschäftsbereiche, recht unterschiedlich. Hierdurch wurden bisher Chancen verpasst, engere Partnerschaften zu Kunden systematisch aufzubauen und zu pflegen.

Es gab auch Mitarbeiter, die sich Key Account Manager (KA-Mgr.) nannten, aber im Grunde operative Aufgaben verfolgten. KAM wurde lediglich als Idee gesehen, aber inhaltlich nicht umgesetzt. Folglich gab es keine genaue Abstimmung der Aktivitäten, weder identische Vertriebsprozesse für Großkunden noch einheitliche Klassifizierungsmerkmale für A-, B- oder C-Kunden. Es wurde kein Kundenbindungs/ oder -entwicklungsprogramm integriert und die Software zur Vertriebssteuerung war in den einzelnen Geschäftsbereichen unterschiedlich. Deshalb war zum Beispiel keine gemeinsame Nutzung aller Kundendaten möglich. Mitarbeitern im Vertrieb stand kein eigenes Personalentwicklungsprogramm zur Verfügung, um sich den Potentialen in der Kundenbetreuung anzunehmen. Sowohl länderintern als auch länderübergreifend wurde auf verschiedene Weise mit dem Kunden kommuniziert und verhandelt. Informationen über Kunden wurden gesammelt,

---

[9] Vgl. Diller, H., 2003, S. V

aber nicht aufbereitet und für andere sichtbar gemacht. Kunden wurden unsystematisch und lediglich mit dem Ziel betreut, Mehrumsatz zu generieren. Diese Umsatzsteigerung wurde dadurch erzielt, dass der Kunde von sich aus reagiert und seinem bisherigen Logistikdienstleister ein zusätzliches Geschäft offeriert. Auf ähnliche **re-aktive** Art ist das Unternehmen bisher mit den Kunden mitgewachsen. Die andere Möglichkeit ist jedoch den Kunden, seine Prozesse sowie die damit verbundenen Probleme so gut zu kennen, dass ***pro-aktiv*** auf den Kunden zugegangen werden kann.

Proaktivität und Flexibilität sind sehr wichtig, um Kunden auf längere Zeit zu binden und zufriedenzustellen. Zufriedene Kunden kommen gerne wieder und teilen ihre positiven Erfahrungen mit anderen Geschäftspartnern.

Somit ist die Wirkung, die durch ein systematisches Konzept der Kundenbetreuung erzielt wird, eine große Chance, um Umsatz, Gewinn und Wachstum im eigenen Unternehmen gezielt zu generieren. Gleichzeitig besteht aber ein großes Risiko, denn auch negative Eindrücke werden Geschäftspartnern mitgeteilt.

Um diese Gefahr zu minimieren, hat sich das Unternehmen dazu entschlossen, ein systematisches KAM-Konzept in der Unternehmensgruppe zu implementieren. Ein solches Konzept sollte wie ein „maßgeschneiderter Anzug“ sein. Es gibt kein richtig oder falsch und keine Erfolgsgarantie. Um jedoch die Erfolgschancen zu maximieren, empfiehlt es sich, eine auf das Unternehmen angepasste Strategie, einen Leitfaden oder Rahmenplan zu erstellen. Dieser ist für diesen Logistikkonzern das St. Gallener KAM-Konzept, das im Kapitel 3 im Detail betrachtet wird.

1.4 Zielsetzung und Verlauf

Das von der Unternehmensgruppe verfolgte Ziel ist es, langfristig erfolgreich am Markt zu bestehen und weiter zu wachsen. Dieses Buch bietet Erkenntnisse zur Gestaltung eines Konzepts, das diese Ziele vorantreibt. KAM wird, wie zu Beginn erläutert, eine bedeutende Rolle dabei spielen, sich von seinen Wettbewerbern positiv abzuheben.

Zur Gewährleistung dieser Differenzierung wurde zunächst das theoretische Grundwissen aufbereitet. Der Leser erhält somit den nötigen Überblick der Anwendungsmöglichkeit eines theoretischen KAM-Konzepts. Der Einsatz des St. Gallener KAM-Konzepts bietet sich an, weil es auf die komplexen Strukturen des modernen KAM die nötigen Lösungsstrategien auf übersichtliche Weise vermittelt und für Unternehmen jeder Branche als Grundmodell anwendbar ist.

Die Besonderheiten einer Implementierung in der Praxis sind bei jedem Unternehmen unterschiedlich. Je nach Voraussetzung, Fokus und Zielen des KAM, wird der beschriebene Weg zur Umsetzung der Strategien nur beschränkt auf andere Unternehmen übertragbar sein. Dieses Buch beinhaltet jedoch Anhaltspunkte, die als Benchmarking Ideen auf andere Unternehmen anwendbar sind. Erleichtert wird die Übertragungsmöglichkeit durch eine schrittweise Vorgehensweise analog zum theoretischen Konstrukt des KAM.

Folglich wird der praktische Teil dieses Buches die von der Unternehmensgruppe verfolgten Ziele behandeln, die mit der Einführung des St. Gallener KAM-Konzepts verbunden sind. Insbesondere werden hierbei die gewonnenen Erkenntnisse der Leiterin des europäischen KAM, Frau Tanja Siebert, durch den Autor wiedergegeben. Diese basieren auf ihrer langjährige Erfahrung im Aufbau und in der Implementierung von KAM-Konzepten nach dem St. Gallener Modell in internationalen Logistikkonzernen, welche durch die enge Zusammenarbeit mit ihr und den an der Implementierung beteiligten Projektteammitgliedern ergänzt wurden. Neben den Projektmitgliedern und der verwendeten Literatur diente auch eine unternehmensinterne Seminarreihe als Informationsquelle und Durchführungsobjekt. Zusätzlich werden die gewonnenen Erkenntnisse mit Ergebnissen aus diversen Studien untermauert. Zum einen untersuchte die Unternehmensberatung Mercuri International[10] den Einsatz von KAM auf europäischer Ebene querbeet durch alle Branchen. Zum Vergleich wurde durch eine eigene Studie das KAM der Top 50 Logistikdienstleister in Deutschland untersucht.

Einige unternehmensspezifische Besonderheiten bieten das Potential eines generellen Maßnahmenkatalogs, der auf Dritte anwendbar ist. Zusätzlich werden analog zu den Besonderheiten Gefahrenpotentiale angesprochen, die in diesem Logistikunternehmen auftraten und die dem Leser ebenfalls, im Fall einer KAM Implementierung, als Lösungsleitfaden dienen sollen.

Der Aufbau dieses Buches soll dem Leser die Einführung eines ganzheitlichen systematischen KAM-Konzepts näherbringen. Problemstellungen werden angesprochen und Vorschläge zur Beseitigung erläutert. Insgesamt soll ein Rahmenprogramm vermittelt werden, das bei zukünftigen Implementierungen von KAM-Konzepten als Leitfaden herangezogen werden kann.

[10] Mercuri International wurde 1960 gegründet und zählt heute zu den führenden Beratungs- und Trainingsgesellschaften im Bereich KAM und Vertrieb. Sie beschäftigen über 700 Mitarbeiter in 40 Ländern.

2 Der Weg auf die Erfolgsspur

2.1 KAM Entwicklung in Deutschland

Den Schlüsselkunden wird in nahezu allen Unternehmen eine besondere Bedeutung zugeteilt. Dies wird insbesondere bei der Betreuung deutlich, da diese umfangreicher ausfällt. Um die investierte Zeit sowie dazugehörige Ressourcen maximal auszunutzen, sollte die Betreuung einer gewissen Systematik unterliegen[11] und in einzelne Bausteine zerlegbar sein, um diese gezielt bearbeiten und organisieren zu können[12].

Im KAM gibt es sowohl Vorreiter als auch Nachzügler sowie visionäre oder konservative Unternehmen. Deutschland zählt im Vergleich zum restlichen Europa zu den konservativen Ländern bei der Anwendung systematischer KAM-Konzepte. Vorreiter waren vor allem Unternehmen in Großbritannien und Finnland, bei denen zum Zeitpunkt einer Studie im Jahr 2003 bereits mehr als 50% der befragten Unternehmen KAM schon länger als fünf Jahre in ihre Organisation etabliert hatten. Deutschland erzielte lediglich den zweitschlechtesten Wert mit 38,8%.

2.2 KAM Entwicklung in Europa

Die Untersuchung wurde von der Universität St. Gallen und der Unternehmensberatung Mercuri International im Zeitraum April bis Mai 2003 durchgeführt. Untersuchungsthemen waren KAM Strukturen, ihre Erfolgsfaktoren und Problemzonen sowie zukünftige Entwicklungen. Der Teilnehmerkreis bestand aus Entscheidungsträgern des KAM von 560 Unternehmen aller Branchen aus acht europäischen Ländern.

---

[11] Vgl. Belz,. C., Müllner, M., Zupancic, D., 2004, S. 35
[12] Vgl. Homburg, C., Jensen, O., 2004, S. 8

Diese wurden in Top- (56), Medium- (303) und Bottom- (201) Performer klassifiziert. Diese Studie wird aus Vereinfachungsgründen als „EU-Studie" bezeichnet.

2.3 KAM in der Logistikbranche

Die Studie des Autors aus dem Jahr 2009, im Folgenden als „Logistik-Studie" bezeichnet, soll Aussagen und Überlegungen hinsichtlich der Relevanz zur Anwendung von KAM in der Logistikbranche untersuchen. Gleichzeitig können dargestellte Behauptungen empirisch überprüft werden. Forschungsgegenstand dieser Befragung waren Entscheidungsträger des KAM von Deutschlands Top 50 Logistikdienstleistern.

Zur Erhebung der Daten wurde der Fragebogen als quantitative Forschungsmethode gewählt. Der Fragebogen wurde Mitte Januar 2009 an 37 bereitwillige Unternehmen verteilt. Bis Mitte Februar kamen 17 ausgefüllte Exemplare zurück, die als Grundlage für die Erhebung zur Verfügung standen. Eine Rücklaufquote von 46% übertraf die ursprüngliche Erwartung. Die Ergebnisse werden zur Untermauerung der jeweiligen Aussage an den entsprechenden Stellen in diesem Buch genannt. Eine Zusammenfassung aller Ergebnisse kann im Anhang begutachtet werden.

3 Das St. Gallener KAM-Konzept

3.1 Das Schlüssel-Schloss-Prinzip

Das Modell des St. Galler Key Account Management Konzepts folgt dem Prinzip von Schlüssel und Schloss:

Ein individueller Schlüssel mit dem passenden Profil entriegelt das Schloss und gewährt denen, die den Schlüssel richtig zu verwenden verstehen, den erfolgreichen Zugang zum Schlüsselkunden, indem er für Anbieter und Kunde gleichermaßen Vorteile, sogenannte Win-Win-Vorteile, schafft.[13]

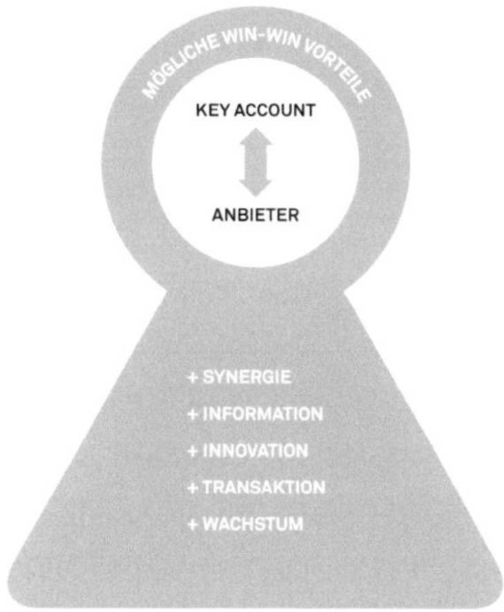

Abbildung 1: Mögliche Win-Win-Potentiale

Das Schlüssel-Schloss-Prinzip ist Ausgangspunkt des ganzheitlichen St. Galler Key Account Management Konzepts.

Oftmals ist die Erwartungshaltung der Anbieter von KAM, also zum Beispiel der Logistikdienstleister, zu pessimistisch. Man steht im Einzelfall einem Kunden gegenüber, der im wirtschaftlichen Sinne mächtiger ist, als man selbst. In einer solchen Situation stuft man sich gelegentlich als zu schwach ein. Eine völlige Unterordnung unter seinen KA ist falsch. Deshalb ist der Aufbau gewisser Machtpotentiale sinnvoll[14], um mit dem Kunden auf gleicher „Augenhöhe“ zu

[13] Vgl. Belz, C., Müllner, M., Zupancic, D., 2002,S.4
[14] Vgl. Götz, P., 1995, S. 235

verhandeln und eigene Interessen durchsetzen zu können[15]. Dem Gesichtspunkt der ungleichen Machtverteilung widersprechen jedoch die europäischen Vorreiter, die mit über 50% angeben, ein völlig ausgeglichenes Machtverhältnis zu besitzen. Deutschland erzielte hierbei nur einen Wert von 10%. Diese Angaben verdeutlichen, dass deutsche, aber auch viele europäische Unternehmen noch großen Nachholbedarf in der Etablierung von KAM-Konzepten besitzen[16].

Diesen Nachholbedarf gab es auch bei diesem Logistikunternehmen. Allerdings wurde diese Lücke im Jahr 2008 durch die Schaffung des Bereiches European KAM mit dem Ziel, ein einheitliches und systematisches KAM aufzubauen und zu implementieren, geschlossen. Allgemein wird der Nachholbedarf auch durch die EU-Studie zur Anwendungsdauer von KAM-Konzepten bestätigt. Im Jahr 2003 war bei 70% der Top-Unternehmen seit über fünf Jahren ein KAM-Konzept etabliert. Laut Logistik Inside[17] gehört auch dieses Unternehmen zu den Top 20 Logistikdienstleistern.

Frei nach dem Lehrsatz „Structure follows Strategy" wurde in diesem Unternehmen ein systematisches Konzept verwendet, an dessen Strategie sich die Organisationsstruktur ausrichten[18] und die Implementierung, mit einer neu ausgerichteten Unternehmensstruktur, anschließen sollte.

Das Vorhaben, ein KAM-Konzept zu implementieren, begann 2006. Die damalige Geschäftsleitung des Mutterkonzerns entschied, das St. Gallener KAM-Konzept als Orientierungsrahmen heranzuziehen. Ziel dieses Systems ist es, neben der Funktion als Orientierungsrahmen die Elemente des KAM zu identifizieren und deren Beziehungen zueinander herzustellen. Des Weiteren werden Know-how-Lücken aufgedeckt, die etwa durch Weiterbildungen

---

[15] Vgl. Zupancic, D., Belz, C., Bußmann W., 2005, S. 13
[16] Vgl. Reichwald, R., Bullinger, H., 2000, S. 10
[17] Vgl. Voigt, S., 09/2008, S. 13
[18] Vgl. Sidow, H., 1997, S. 53

geschlossen werden, um erstklassige Leistungen für KAs zu erzielen[19]. Das Ergebnis der Logistik-Studie verdeutlicht die Akzeptanz des St. Gallener Modells. Knapp 50% aller befragten Unternehmen verwenden dieses und 52% davon bereits länger als drei Jahre.

3.2 Die vier Phasen

Know-how ist eine wesentliche Voraussetzung zur Bearbeitung von KAs. Die vorausgehende, gründliche Analyse der KAs und deren interner Prozesse[20] ist „der" Erfolgsfaktor für dessen Betreuung[21] (**KAM-Analyse**). Die KAM-Analyse beinhaltet demnach die Erfassung, Aufbereitung sowie die Verteilung des Informationsmaterials an Mitarbeiter. Denkbar ist die Weitergabe der Ergebnisse an den KA. In der Logistikbranche bietet die Kundenanalyse auch Einsichten über die gesamte Beschaffungs- und Distributionslogistik der KAs und ist somit eine Grundlage für Zusatzgeschäfte. Außer Detailkenntnisse über die jeweiligen Unternehmen, sollte der KA-Mgr. auch umfassende Kenntnisse über Entwicklungen der Branche, in der sich der KA befindet, sowie Informationen über dessen direkte Mitbewerber besitzen[22].

Um in dieser bedeutsamen Phase möglichst umfangreiche und korrekte Informationen zu erhalten, werden Tools angewendet, die das Analysieren erleichtern. Nähere Informationen zu den angewendeten Tools in diesem Unternehmen werden im Kapitel 4.5.2 dargestellt. Die gesammelten Erkenntnisse werden durch kundenindividuelle Strategien realisiert (**KAM-Realisierung**).

---

[19] Vgl. Belz, C., Müllner, M., Zupancic, D., 2004, S. 34
[20] Vgl. Rau, H., 1994, S. 152
[21] Vgl. Götz, P., 1995, S. 297
[22] Vgl. Götz, P., 1995, S. 298

Die Abstimmungen zwischen Kunden- und Unternehmensstrategien sowie die Integration des KAM in die Vertriebsstruktur ist unumgänglich, da KAM nicht als Insellösung, sondern als Gesamtkonzept in das Unternehmen integriert werden muss (**KAM-Integration**). Infrastrukturelle Voraussetzungen bilden das Fundament des KAM-Konzepts (**KAM-Fundament**)[23].

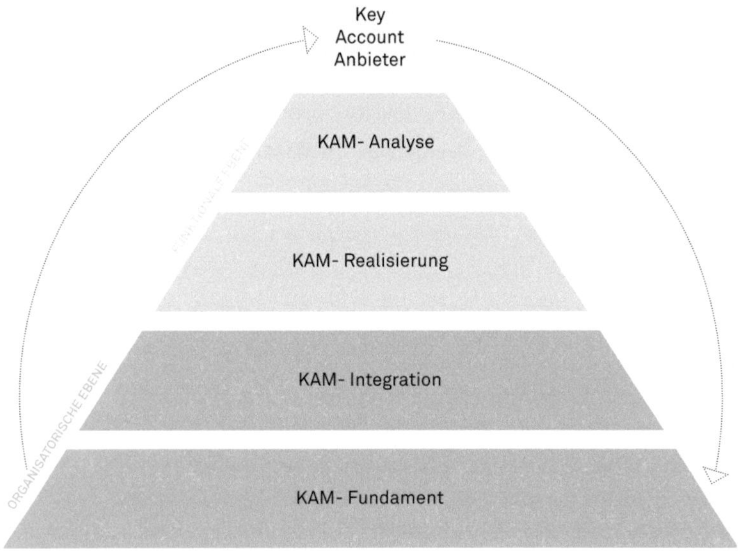

Abbildung 2: Darstellung der funktionalen und organisatorischen Ebene

KAM-Fundament, -Integration, -Analyse und -Realisierung sind die für ein erfolgversprechendes KAM erforderlichen Arbeitsschritte und können zwei unterschiedlichen Ebenen zugeteilt werden: der funktionalen und der organisatorischen Ebene.

[23] Vgl. Zupancic, D., Belz, C., Bußmann W., 2005, S. 13

3.3 Zwei Ebenen im KAM

Das St. Gallener KAM-Konzept unterscheidet zwischen zwei Ebenen, die funktionale und die organisatorische Ebene. Maßnahmen, die sich unmittelbar auf die Beziehung zu einem KA auswirken, werden von Mitarbeitern getroffen, die die Position eines KA-Mgr. oder Support-Team[24] Mitglieds ausüben. Sie tragen die persönliche Verantwortung für die Aufrechterhaltung und Ausweitung der Kundenbeziehung[25]. Diese Mitarbeiter stellen die ***funktionale Ebene*** des KAM dar.

Entscheidungen, die die Organisation und Infrastruktur des KAM-Konzepts betreffen, werden für gewöhnlich von Mitarbeitern der Geschäfts-, KAM-, Marketing- oder Vertriebsleitung getroffen. Diese Entscheidungen betreffen die Implementierung des KAM-Konzepts als Ganzes. Es wird ein Rahmen vorgegeben, in dem die KA-Mgr. und ihre Support-Teams agieren, um die Betreuungsaufgabe der KAs effizient zu erfüllen. Maßnahmen dieser Art werden der ***organisatorischen Ebene*** des KAM zugeordnet.[26]

Überschneidungen dieser beiden Ebenen ergeben sich bei strategischen Entscheidungen. Kommt die Geschäftsleitung zum Ergebnis, gewisse Kunden als strategisch wichtig zu definieren und diesen Kunden den KA Status zu erteilen, stellt dies eine strategische Maßnahme auf organisatorischer Ebene dar. Im Gegenzug erstellen KA-Mgr. Pläne für eine langfristige Zusammenarbeit mit dem KA und für das Erreichen derer Ziele. Sie treffen somit strategische Entscheidungen auf funktionaler Ebene[27].

---

[24] Support-Teams unterstützen den KA-Mgr. bei der Betreuung des Kunden.
[25] Vgl. Homburg, C., Workman, J., 2002, S. 16
[26] Vgl. Zupancic, D., Belz, C., Bußmann W., 2005, S. 14
[27] Vgl. Belz, C., Müllner, M., Zupancic, D., 2002, S. 6

3.3.1 Die funktionale Ebene des KAM

Funktionales KAM dient der Entwicklung und Realisierung kundenorientierter Entscheidungen. Die Fähigkeiten, die KA-Mgr. beziehungsweise ihre Teammitglieder erfüllen müssen, sind Analyse- und Realisierungskompetenzen. Nähere Einzelheiten zu dem Anforderungsprofil eines KA-Mgr. werden detailliert im Kapitel 4.4.4 dargestellt. Zur Erläuterung der funktionalen Ebene lässt sich an dieser Stelle bereits erwähnen, dass die Aufgabe des KA-Mgr. verschiedene Bereiche umfasst. Beispielsweise sollte dieser Geschäftssituationen, individuelle Erfordernisse, Hierarchien, Leistungen, Verantwortlichkeiten und Strukturen seines KAs analysieren können. Aus allen gesammelten Informationen lässt sich dann ein KA-Plan sowie eine kundenindividuelle Strategie anfertigen, die es systematisch zu realisieren gilt[28].

Alle Prozesse und Arbeitsabläufe des funktionalen KAM müssen, um ein effizientes Handeln zu ermöglichen, in einzelnen Schritten ablaufen. Als Hilfsmittel für die Betreuungsaufgabe der KA-Mgr. und ihren Teams sollte der KAM-Zirkel des St. Gallener KAM-Konzepts bereitgestellt werden. Er dient, neben der Systematisierung und Strukturierung der Betreuungsaufgaben, auch dazu, die Kundenbetreuung auf einem kontinuierlich hohen Niveau durchzuführen[29].

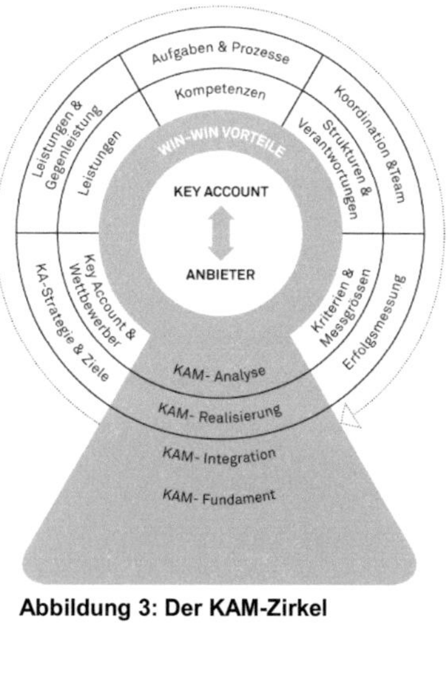

Abbildung 3: Der KAM-Zirkel

[28] Vgl. Belz, C., Müllner, M., Zupancic, D., 2004, S. 38
[29] Vgl. Zupancic, D., Belz, C., Bußmann W., 2005, S. 15

Der KAM-Zirkel gliedert sich in fünf Bereiche:

1. Strategie & Ziele: Anhand der Analyseergebnisse erarbeitet der KA-Mgr. kundenbezogene Strategien für die Zusammenarbeit mit dem Kunden. Diese können nach Abwägung aller Vor- und Nachteile unterschiedlich ausfallen. Das St. Gallener KAM-Konzept unterscheidet folgende Strategien: Frühwarnung, Partnerschaft, Cross-Selling und Strategische Allianz[30]. .

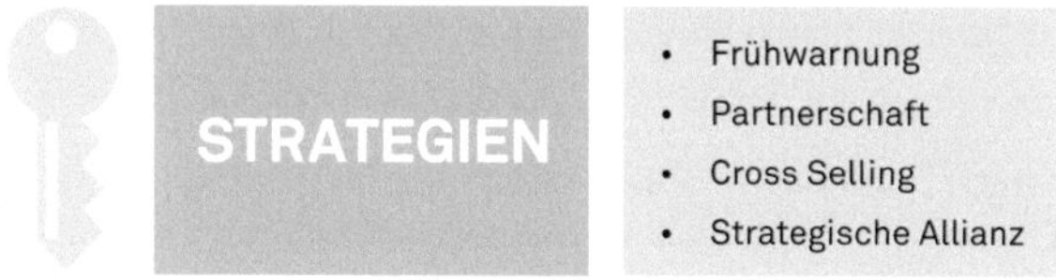

Abbildung 4: Strategiemöglichkeiten zwischen Key Account & Unternehmen

Das Hauptunterscheidungsmerkmal ist die Intensität der Kooperation und der damit verbundene Aufwand beider Seiten zur Pflege der Geschäftsbeziehung.

2. Leistung & Gegenleistungen: Zur Umsetzung der Strategie werden für den KA individuelle Leistungen bereitgestellt. Im Gegenzug sollte der KA die Bedürfnisse des anbietenden Unternehmens berücksichtigen[31]. Dazu zählen in der Logistikbranche – abgesehen von den Preisen – auch der Kundenwille eine Lead Logistics Provider[32] Struktur zu schaffen oder Konzepte gemeinsam zu erarbeiten. Zur Absicherung des gegenseitigen Vertrauens können beiderseitige Leistungen durch Verträge manifestiert werden.

---

[30] Vgl. Belz, C., Senn, C., 1995, S. 48

[31] Vgl. Belz, C., Müllner, M., Zupancic, D., 2002, S. 8

[32] Als Lead Logistics Provider (LLP) bezeichnet man Logistikdienstleister, die für ihre Kunden die Organisation aller, oder zumindest der wesentlichen logistischen Prozesse übernehmen. Dabei spielt der LLP eine tragende Rolle für das Unternehmen und ist stark in dessen (Logistik-) Prozesse integriert.

3. Aufgaben & Prozesse: Die jeweiligen bilateralen Leistungen lassen sich anschließend in spezifische Aufgaben und Prozesse gliedern. Im Key Account Management werden interne Prozesse (wie Teamgestaltung und Konfliktlösung) und Schnittstellenprozesse mit dem Key Account (wie Prozess- und Projektmanagement) unterschieden[33].

4. Koordination & Team: Aufgaben und Prozesse gilt es zu koordinieren. Dafür stehen neben dem Key Account Manager und dessen Teams auf der einen Seite auch beim Key Account Mitarbeiter für Koordinierungsaufgaben zur Verfügung.

5. Erfolgskontrolle: Für die Aufgabe der Realisierung kundenindividueller Strategien sind der Key Account Manager und sein Support-Team maßgeblich verantwortlich. Sie haben aufgrund des täglichen Umgangs mit dem Kunden und dessen Strategien die Möglichkeit, eventuelle Zielabweichungen vor allen Anderen wahrzunehmen, diese zu melden und ihnen notfalls, pro-aktiv entgegenzusteuern. Um die Realisierung der Ziele und das Risiko invalider Planungsdaten abzusichern, ist eine Erfolgskontrolle anhand von vereinbarten Kennzahlen im KAM angebracht[34].Die Kontrolle sollte sowohl die eigenen als auch die von dem KA zu erfüllenden Aufgaben betreffen[35]. Ein einfaches und wirkungsvolles Instrument ist der Soll-Ist-Vergleich auf Kennzahlenbasis. Wird eine Abweichung zum festgelegten Zielwert ermittelt, muss dieser dokumentiert und für den weiteren Planungsprozess herangezogen werden[36].

---

[33] Vgl. Belz, C., Müllner, M., Zupancic, D., 2004, S. 40
[34] Vgl. Belz, C., Müllner, M., Zupancic, D., 2002, S. 9
[35] Vgl. Sidow, H., 1997, S. 187
[36] Vgl. Götz, P., 1995, S. 300

3.3.2 Die organisatorische Ebene des KAM

Da KAM nicht in Form einer Insellösung funktioniert, muss ein Konzept entwickelt werden, das KAM ganzheitlich und systematisch in das Unternehmen integriert. Hierbei bietet die organisatorische Ebene, bestehend aus KAM-Integration und KAM-Fundament, Instrumente an, die als Hilfsmittel zur organisatorischen Strukturierung des Unternehmens herangezogen werden können.

So gilt es, die in der Integrationsphase auf den KA ausgerichteten Strategien mit denen des eigenen Unternehmens abzustimmen. Negative Auswirkungen auf "Normalkunden" durch die Priorisierung der KAs sind einzukalkulieren. Es sind Weiterbildungsmöglichkeiten für KA-Mgr. anzubieten und diese in die Strategie der Personalentwicklung mit einzubeziehen. Letztlich ist bei der Integration auf eine zweckmäßige Aufteilung von Entscheidungskompetenzen zwischen den KA-Mgr. im eigenen Unternehmen und ihnen gegenüberstehenden Produktmanagern zu achten.

Das Fundament eines Gebäudes stellt, genau wie das Fundament im KAM Konzept, die solide Basis dar. Einmal gegossen, ist es nur schwer wieder umzugestalten und stellt dennoch für die weiteren Stockwerke eine wichtige Grundlage dar[37]. Um im KAM gut aufgestellt zu sein, muss das Top-Management mit seinen Entscheidungen das Fundament schaffen. Entscheidungen, wie die besondere Beachtung der Betreuung der KAs, das Angebot von Weiterbildungsmaßnahmen für KA-Mgr. oder eine gesunde, eigene Unternehmensstruktur, sorgen für eine solide Basis[38].

Organisatorische Voraussetzungen müssen erst entwickelt und in die Organisation implementiert werden, bevor sie wirken können.

[37] Vgl. Zupancic, D., Belz, C., Bußmann W., 2005, S. 17
[38] Vgl. Zupancic, D., 2001, S. 152ff

Der Support-Zirkel im Modell des St. Gallener KAM-Konzepts vervollständigt den KAM-Zirkel und spiegelt die kritischen Punkte eines erfolgreichen KAM wieder[39].

Er hat somit die Funktion eines "Leitfadens" für die Implementierung eines KAM-Konzepts als Ganzes in eine Unternehmensorganisation.

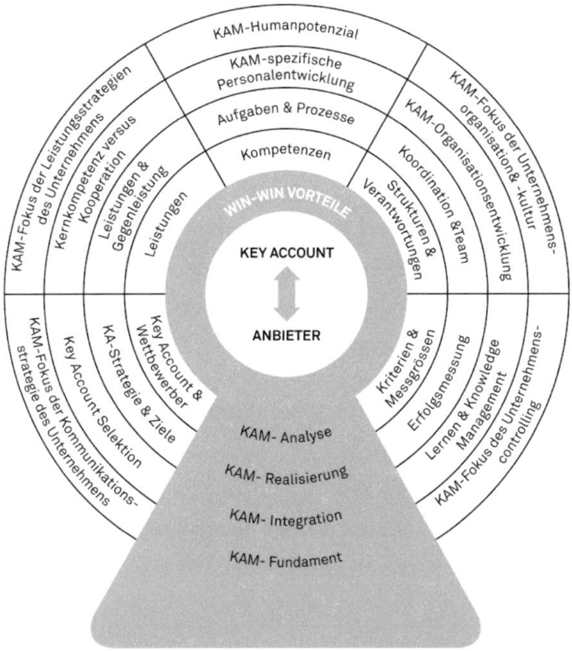

Abbildung 5: Das KAM Gesamtmodell[40]

Die Entscheidungen für eine KAM-Integration und das Schaffen eines KAM-Fundaments werden in der Regel durch das Top-Management gefällt.

---

[39] Vgl. Zupancic, D., Belz, C., Bußmann W., 2005, S. 17
[40] Vgl. Belz, C., Müllner, M., Zupancic, D., 2002, S. 11

Es können aber auch indirekt am Vertriebsprozess beteiligte Unternehmensbereiche, wie das Personalmanagement, zu einer soliden Basis des KAM beitragen.

Auch KA-Mgr., die auf der funktionalen Ebene die Entscheidungen treffen, können auf die KAM-Integration und das KAM-Fundament Einfluss nehmen. Ihre Fähigkeiten zu analysieren und zu vermitteln, können im eigenen Unternehmen dem Zweck dienen, gewisse Entscheidungen auf organisatorischer Ebene mitzulenken und somit alle Instrumente des KAM-Zirkels aktiv zu beeinflussen.

3.4 Unterschiedliche Betrachtungsweisen des KAM-Konzepts

Das Gesamtmodell des St. Gallener KAM-Konzepts lässt sich aus verschiedenen Perspektiven betrachten.

Inside-Out-Perspektive: Die Betrachtung des Gesamtmodells von innen heraus stellt die Perspektive der KA-Mgr. und der Support-Teams dar. Sie betreuen die Schlüsselkunden und betrachten daher die Bereiche KAM-Analyse und KAM-Realisierung der funktionalen Ebene.

Outside-In-Perspektive: Diese Perspektive dient den Verantwortlichen der Implementierung und Etablierung des Gesamtkonzepts in die Unternehmensstruktur. Die Bereiche KAM-Integration und KAM-Fundament der organisatorischen Ebene unterstützen die Entscheidungsträger bei der Auswahl der geeigneten Mittel für die Prozessimplementierung[41].

---

[41] Vgl. Belz, C., Müllner, M., Zupancic, D., 2002, S. 12

3.4.1 Das prozessorientierte KAM Modell

Ein Prozess stellt den Ablauf von Ereignissen dar, die sich stets wiederholen lassen und somit eine Standardisierung ermöglichen[42]. Prozessmanagement zeichnet sich dadurch aus, dass Aufgaben von Geschäftsbereich zu Geschäftsbereich und von Mitarbeiter zu Mitarbeiter ohne Reibungsverluste weitergereicht und erledigt werden[43]. Ein Grundelement des Prozessmanagements ist folglich die Standardisierung. Standards werden systematisch geregelt, um eine gleichbleibende Qualität des Prozesses zu gewährleisten. Verknüpft man die Summe aller Prozesse, so erhält man eine Prozesskette, die mit jedem Schritt zur Wertschöpfung des Produkts oder der Dienstleistung beiträgt. Je nach Ausmaß der Wertschöpfung oder Beitrag zur Zielerreichung definiert sich ein Prozess unterschiedlich[44]. Dabei spricht man von Kernprozessen, wenn diese besonders relevant sind und von einzelnen Arbeitsschritten, wenn diese beispielsweise als Prozessschritt oder Supportprozess definiert werden und die Kernprozesse unterstützen, ohne direkt mit dem Produkt oder der Dienstleistung in Kontakt zu stehen.

Auf das KAM bezogen können KAM-Analyse, -Realisierung, -Integration und –Fundament als Kernprozesse definiert werden mit ihren jeweiligen, im Kreis angeordneten Prozessschritten. Diese Prozessschritte werden als dispositive Prozesse bezeichnet, weil sie Tätigkeiten wie koordinieren, optimieren und planen beschreiben. Das Antonym zu dispositiven Prozessen sind bonetäre Prozesse, die eine physische Bearbeitung des Produkts in Produktionsunternehmen beschreiben[45] und die in einem auf Logistikdienstleister ausgerichteten Modell nicht vorkommen.

[42] Vgl. Freund, J., Götzer, K., 2008, S. 7
[43] Vgl. Masing, W., 1995, S. 250
[44] Vgl. Freund, J., 2008, S. 7
[45] Vgl. Melzer-Ridinger, R., Neumann, A., 2009, S. 10

Zur Erläuterung der Anwendung im KAM wird hier der Kernprozess KAM-Analyse mit seinen Supportprozessen abgebildet, die nacheinander zu bearbeiten sind.

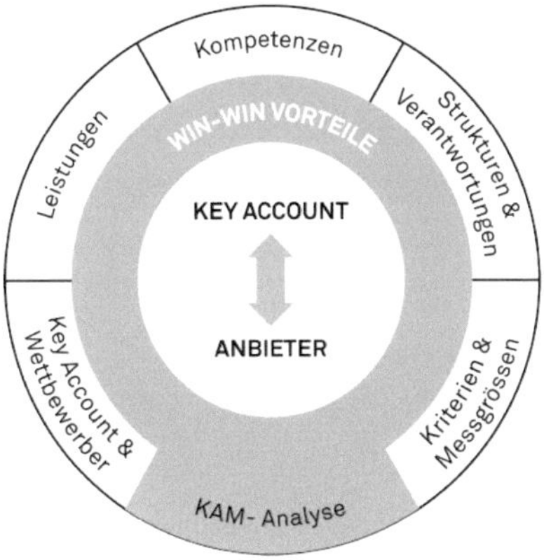

Abbildung 6: Darstellung der KAM-Analyse als Prozess[46]

Die Betrachtung der einzelnen Prozesse dient zur Verbesserung der Transparenz. Der Verlauf der KAM-Analyse und den nachfolgenden Kernprozessen kann leichter optimiert[47] und somit schneller und günstiger durchgeführt werden.

Als abschließende Betrachtung des KAM als Prozess lässt sich folgendes Ergebnis feststellen. Die Betreuung von KAs erfolgt durchaus in logisch aufeinander abgestimmten Schritten, also in Prozessen. Die Logik, die sich nicht nur für die KA-Mgr. bei ihrer Kundenbetreuung, sondern auch für das Top-Management bei der Implementierung des Konzepts als Ganzes ergibt, unterstützt die Systematisierung der KA Betreuung und die Etablierung des KAM-Konzepts in die Unternehmensstruktur.

---

[46] Vgl. Belz, C., Müllner, M., Zupancic, D., 2002, S.14
[47] Vgl. Freund, J., 2008, S. 10

Dies erfordert jedoch auch, dass die nötigen Ressourcen wie Informationen, Technologien und Management Know-how, bereitgestellt werden[48].

Um das zentrale Element – die Standardisierung – nicht zu überreizen, gilt es aber auch, auf Risiken des Prozessmanagements hinzuweisen. Die Zielvorgaben der Kostenreduzierung einerseits und der Prozessbeschleunigung andererseits können zu gegensätzlichen Ergebnissen führen und sollten deshalb gründlich abgewogen werden[49]. Zudem kann ein hohes Maß an Standardisierung auch zu einer Einschränkung der Flexibilität führen.

3.4.2 Das fächerorientierte KAM Modell oder die fünf „S“

Neben der Betrachtungsweise als Prozess mit den logisch aufeinander folgenden standardisierten Prozessschritten gibt es – je nach Problemstellung – noch eine andere Sichtweise. Nämlich die Perspektive, das Modell in einzelne Fächer oder Segmente zu unterteilen und diese ganzheitlich, also über alle vier Bereiche der funktionalen und organisatorischen Ebene, zu betrachten. Dies bietet sich für Unternehmen an, die KAM ansatzweise, aber unsystematisch etabliert haben, und dieses mit dem St. Gallener Konzept überprüfen und gegebenenfalls optimieren möchten.

Teilt man das Modell auf, ergeben sich fünf Segmente, denen aus Übersichtlichkeits- und Merkfähigkeitsgründen die Begriffe ***S***trategy, ***S***olution, ***S***kills, ***S***tructure und ***S***corecard zugeteilt wurden[50].

Zudem soll die Aufteilung in Segmente allen an der Implementierung Beteiligten verdeutlichen, dass KAM keine Insellösung, sondern ein in das Unternehmen integriertes Konzept darstellt[51].

---

48 Vgl. Rajola, F., 2003, S. 93
49 Vgl. Freund, J., Götzer, K., 2008, S. 20
50 Vgl. Belz, C., Müllner, M., Zupancic, D., 2004, S. 43
51 Vgl. Zupancic, D., Belz, C., Bußmann W., 2005, S. 16

Ob nun das prozess- oder fächerorientierte Modell geeigneter ist, lässt sich pauschal nicht beantworten[52]. Abhängig von der Problemstellung des Anwenders kann die Wahl des Modells individuell entschieden werden.

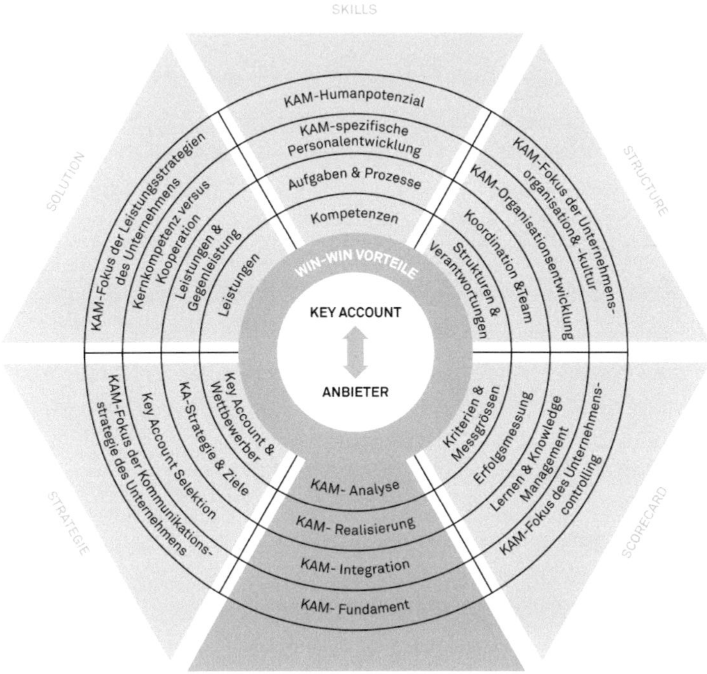

Abbildung 7: Die fächerorientierte Darstellung[53]

Für die Implementierung des KAM hat sich diese Unternehmensgruppe für die Form des Fächer-Modells entschieden. Grund für diese Entscheidung war die Tatsache, dass bereits vor einer Planung zur Einführung eines systematischen Konzepts rudimentäre Grundlagen bei der Betreuung von KAs vorhanden waren

[52] Vgl. Belz, C., Müllner, M., Zupancic, D., 2002, S. 15
[53] Vgl. Belz, C., Müllner, M., Zupancic, D., 2004, S. 45

3.5 Zwischenergebnis

Die besondere Betreuung von Kunden mit hohem Stellenwert für das eigene Unternehmen hat eine lange Tradition. Allerdings geschah dies oftmals intuitiv ohne Anwendung eines systematischen Konzepts. Mit steigendem Koordinationsbedarf blieben wertvolle Synergiepotentiale jedoch ungenutzt. Ein Konzept wie das St. Gallener KAM-Konzept ermöglicht es, das gesamte Aufgabenspektrum der funktionalen und organisatorischen Ebene systematisch zu gestalten. Es unterstützt die KA-Mgr. mit ihren Teams bei ihrer täglichen Arbeit und stellt einen Orientierungsrahmen für die strategischen Entscheidungen der Geschäftsführung bereit.

KAM erfolgreich umzusetzen, erfordert eine auf das Unternehmen abgestimmte Struktur, die das komplexe KAM Aufgabenspektrum umfasst und in das Unternehmen integriert ist. Die Inhalte dieses Kapitels sollen einen Erkenntnisstand vermitteln, der die Beantwortung des folgenden Fragenkataloges ermöglicht:

Funktionales KAM

- Sind alle den KA betreffenden Informationen erfasst? ☐
- Seine Branche, Leistungen, Wettbewerber und Kunden, Entscheider, Strategien, etc.? ☐
- Ist das eigene Umfeld des KAM bekannt? ☐
- Welche Mitarbeiter, Kompetenzen, Ressourcen stehen bereit und wie arbeiten diese zusammen? ☐
- Werden Key Accounts systematisch betreut, Strategien festgelegt, Ziele vereinbart und Abweichungen kontrolliert? ☐
- Sind alle den KA betreffenden Informationen erfasst? ☐
- Seine Branche, Leistungen, Wettbewerber und Kunden, Entscheider, Strategien, etc.? ☐

Organisatorisches KAM

- Ist der Bereich KAM in das Gesamtunternehmen integriert? ☐
- Bestehen Kriterien zur systematischen Bestimmung von Key Accounts? ☐
- Wird ein aufbauendes Personalentwicklungsprogram den Mitarbeitern angeboten? ☐
- Wird dem KAM ein Fundament bereit gestellt? ☐
- Unterstützt die Geschäftsleitung die Planung und Umsetzung der Strategien? ☐
- Werden personelle, organisatorische und kulturelle Herausforderungen ernst genommen und optimiert? ☐

Abbildung 8: Fragenkatalog vor der Praxiseinführung

Dieser Katalog dient somit der Kontrolle, ob ein Unternehmen alle Voraussetzungen getroffen hat, ein KAM-Konzept erfolgreich zu implementieren.

Wenn diese Fragen von einem Projektteam ohne wesentliche Wissenslücken beantwortet werden können, ist die theoretische Herausforderung für eine Implementierung in der Praxis gemeistert. Die aktive Phase der Einführung eines KAM-Konzepts kann beginnen.

4 Key Account Management in einem Logistikkonzern

4.1 Die Rückbetrachtungen der Ereignisse

Im Jahre 2006 wurde im Mutterkonzern die Entscheidung getroffen, ein KAM-Konzept nach der St. Gallener Methode einzuführen. Deutschland sollte hierbei als Pilotlandesorganisation fungieren. Grund dieser Entscheidung waren die Erkenntnisse einer Rückbetrachtung, auf welche Art und Weise in der Vergangenheit Wachstum erzielt wurde. Das Ergebnis war, dass das Unternehmen wächst, weil seine bestehenden Kunden wachsen. Diese Stärke sollte demnach genauer betrachtet und intensiv weiterverfolgt werden. Die Bestandskunden sind also der Motor, der die Wettbewerbsposition des Unternehmens sichert und ausbaut.

Nachdem zwei Jahre Vorbereitungszeit ins Land gezogen waren, begann Anfang 2008 die konkrete Planung und Umsetzung. Binnen kürzester Zeit waren die Grundlagen in Deutschland erarbeitet, und ein neuer Bereich im Mutterkonzern wurde geschaffen: das European KAM. Dieser neue Bereich wird durch Frau Siebert geleitet, die maßgeblich das KAM-Konzept in Deutschland vorangetrieben hat. Aufgabe und Ziel des Europäischen KAM ist unter anderem die Einführung und Weiterentwicklung eines konsistenten und systematischen KAM für alle europäischen Tochtergesellschaften, sowie die Steuerung des Business Development Prozesses bei bestehenden und neuen Key Accounts, in enger Zusammenarbeit mit den nationalen Vertriebsteams.

Basierend auf den von ihr entworfenen Auswahlkriterien zur Bestimmung von KAs, erarbeitete sie zusammen mit dem Projektteam – aufbauend auf dem Modell des St. Gallener KAM-Konzepts – eine Grundlage für den Start des KAM in der deutschen Landesorganisation.

KAM kann jedoch nicht wie beispielsweise eine neue Software installiert und danach sofort angewendet werden. KAM muss sich in einem intensiven Prozess in die Unternehmensstruktur und -kultur einfügen, es muss „gelebt“ werden.

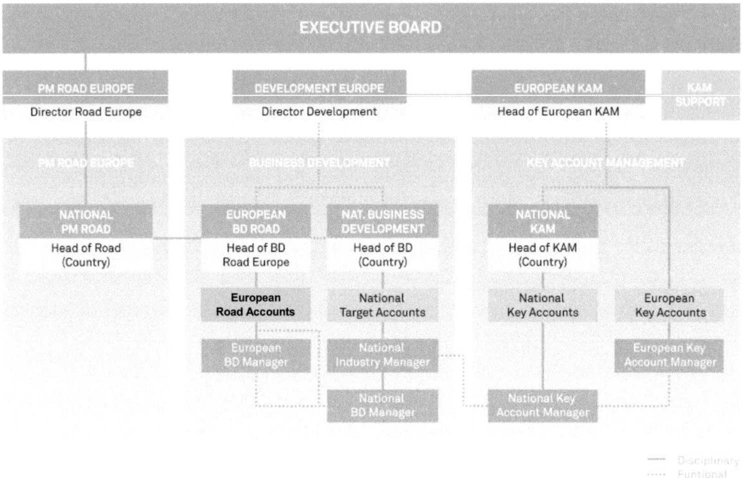

Abbildung 9: European Management

Die in den folgenden Unterkapiteln dargestellte Implementierung befasst sich mit der Entwicklung in der deutschen Landesorganisation. Der Prozess bei den europäischen Tochtergesellschaften zum KAM darf aus Vertraulichkeitsgründen nicht näher dargestellt werden.

4.2 Der Projektstart in der deutschen Landesorganisation

Zunächst gab es die Überlegung einer radikalen Einführung des neuen KAM-Konzepts. Schließlich entschied man sich für eine abgeschwächte Variante, um den weitreichenden Veränderungen genügend Zeit zu geben und sie nach und nach umzusetzen.

Beide Vorgehensweisen haben Vor- und Nachteile. Ein gemäßigter Start ermöglicht es den Mitarbeitern, die neuen Herausforderungen Stück für Stück mit in das Tagesgeschäft einzubeziehen. So wird die Balance gewahrt, sowohl bisherige Aufgaben als auch neue Projekte zu bewältigen, ohne Zielkonflikte zu verursachen. Dieser Weg führt zu keinem abrupten Wechsel, ermöglicht jedoch kontinuierlich kleine Fortschritte auf dem Weg zum Ziel.

Ein umfassender Neuanfang, der das bisherige KAM revolutioniert, fördert den schnelleren Erfolgseintritt. Aber auch dann werden die Auswirkungen nicht binnen weniger Wochen oder Monate die Wachstumszahlen steigern, jedoch wird der Erfolgseintritt längerfristig betrachtet deutlicher feststellbar sein[54].

Grund für die Wahl der „Peu-á-Peu“ Implementierung sind neben der erforderlichen Entwicklungszeit, die ein individuell angepasstes KAM benötigt, unter anderem der dadurch entstehende Kostenaufwand. KAM ist mit umfangreichen Investitionen verbunden, die langfristig zwar enorme Fortschritte in der Wettbewerbsposition bedeuten, in wirtschaftlich angespannten Zeiten jedoch schwieriger umzusetzen sind.

Darstellbar ist der gemäßigte Start beispielsweise im Außendienst. Mitarbeiter, die bisher als klassische Verkäufer ausschließlich für die Neukundenakquise zuständig waren, übernehmen, je nach Eignung, zusätzlich Aufgaben eines KA-Mgr. oder eines Support-Teammitglieds. Dadurch ermöglicht man sowohl dem Mitarbeiter, als auch dem bestehenden Kunden die Chance einer langfristigen Weiterentwicklung der Geschäftsbeziehung. Ein bisheriger C-Kunde kann somit im Laufe der Zeit einen B- oder A-Kundenstatus erreichen und, je nach Potential, irgendwann in das KA Programm aufgenommen werden. Ziel ist es, dass zunächst ohne den Einsatz zusätzlicher Ressourcen, neue Aufgaben nach und nach erlernt und umgesetzt werden.

---

[54] Vgl. Zupancic, D., Belz, C., Bußmann W., 2005, S. 24

Zusätzlich wird Know-how intern erzeugt, ohne es teuer am Markt einkaufen zu müssen. Abgesehen von den Mehrkosten, die ein neuer Mitarbeiter verursacht, benötigt dieser zunächst auch Zeit, um sich im Unternehmen einzuarbeiten. Diesem sind Kommunikations- und Entscheidungswege in dem neuen Unternehmen in der Regel unbekannt, ebenso wie die Struktur und die Unternehmenskultur nicht vertraut.

Die gleichen Defizite sind auch auf Seiten des zu betreuenden KA abzubauen, um in die Lage zu kommen, diesen Kunden angemessen zu betreuen und weiterzuentwickeln. Dieser zeitliche und materielle zusätzliche Aufwand kann entfallen, wenn internes Personal weiterentwickelt und geschult wird. Denn wenn das Potential eines im Unternehmen bereits integrierten Verkäufers den Ansprüchen eines KA-Mgr. genügt, kann dieser einen anderen Mitarbeiter in seine bisherigen Vertriebsaufgaben einarbeiten.

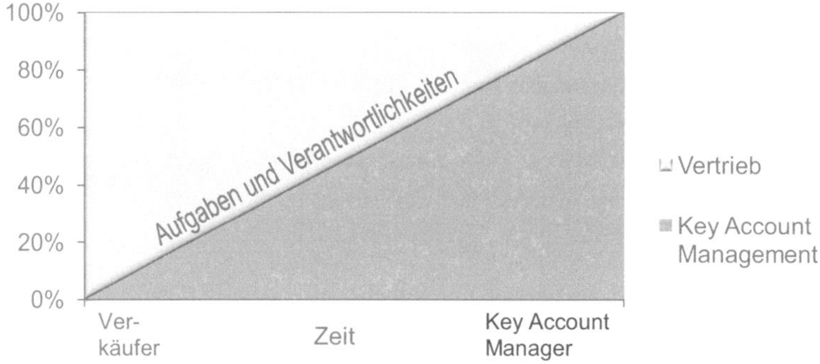

Abbildung 10: Der Übergangsprozess vom Verkäufer zum KA Manager

Hierfür sollten konkrete Fristen vorgesehen werden, ab wann der angehende KA-Mgr. seine sonstigen Vertriebsaufgaben komplett einstellt, also seine bisherigen Kunden abgibt und diese weder besucht noch betreut.

4.3 Die organisatorische Ebene: KAM-Fundament

4.3.1 Neuausrichtung der Organisation

Im Sinne des St. Gallener KAM-Konzepts trägt die Leitung des zentralen KAM die Verantwortung für das Fundament eines erfolgreichen KAM. Dafür werden nachstehende Grundsatzentscheidungen getroffen, die in den folgenden Unterkapiteln näher erläutert werden:

- die Unternehmens- und Vertriebskultur zu Gunsten des KAM zu entwickeln,
- sich auf strategisch wichtige Kunden zu fokussieren,
- einen erstklassigen KA-Mgr. Stamm zu entwickeln,
- professionelle Controllingsysteme zu implementieren.

Um die neue Strategie umfassend anwenden zu können, muss auch die Struktur angepasst werden – structure follows strategy.

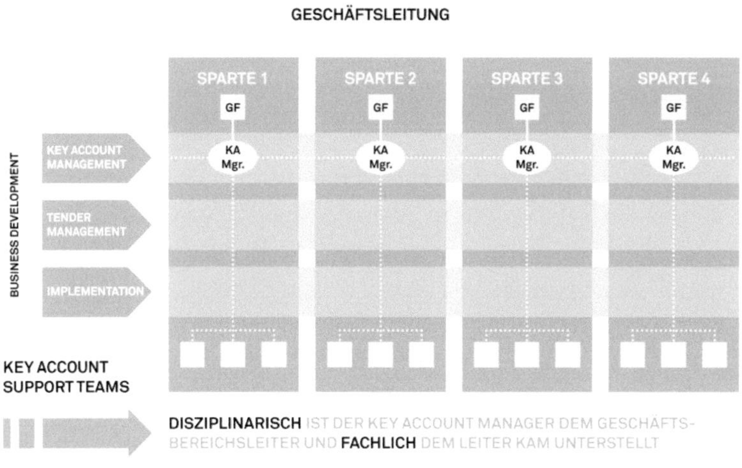

Abbildung 11: Die deutsche Unternehmensorganisation als Matrix

Die Geschäftsführung der Landesorganisation hat daher die Überlegung getroffen, den Bereich KAM zunächst in einer abgewandelten Form der Matrixorganisation einzugliedern, um den sehr intensiven Veränderungsprozess über mehrere Jahre verteilt durchzuführen.

Eine Matrixorganisation ist zweidimensional aufgestellt[55] und ermöglicht dadurch ein Unterstellungsverhältnis, bei dem Mitarbeiter mehreren übergeordneten Instanzen zugeordnet sind[56]. Der scheinbare Vorteil, komplexe Zusammenhänge wie im KAM organisatorisch abbilden zu können, wird überschätzt und birgt in sich zugleich die Gefahr, Probleme falsch zu koordinieren. Deshalb wird diese Organisationsform in Bezug auf das KAM häufig abgewandelt und kommt fast ausschließlich in Großunternehmen vor, wie die Logistik-Studie bestätigt hat. Von zehn der Top 20 befragten Unternehmen nutzen 30% der Unternehmen eine Matrixorganisation. KAM wird demnach als Querschnittsfunktion zu den einzelnen Geschäftsbereichen angesehen, um dadurch die Koordination dieser Bereiche unter dem Fokus der KA-Betreuung zu leisten[57].

Mit der Schaffung und Integration des neuen Bereiches „KAM“ wurde auch eine Position neu geschaffen, die des KA-Mgrs.

4.3.2 Verkäufer oder Key Account Manager?

Das weitverbreitete Pareto-Prinzip beschreibt den Umstand, dass 80% der Umsätze eines Unternehmens mit etwa 20% der Kunden erzielt werden. Es wird sogar davon ausgegangen, dass sich dieser Trend noch zuspitzt und zukünftig von der 90/10 Regel zu sprechen ist[58]. Diese Information der Umsatzverteilung auf die Anzahl der Kunden gibt bereits einen ersten Hinweis

---

[55] Vgl. Senn, C., 1996, S. 66
[56] Vgl. Wirtschaftslexikon, 2006, S. 3912
[57] Vgl. Schmitz, C., 2005, S. 161
[58] Vgl. Sieck, H., 2005, S. 26

auf die Unterscheidung eines klassischen Verkäufers, der sich mit seinen Kollegen um den anzahlmäßig großen Teil der Kundschaft kümmert, von einem KA-Mgr., der maximal die übrigen zehn bis 20% der Kunden betreut. Die Verantwortung, die ein KA-Mgr. trägt, bezieht sich auf einen sehr wesentlichen Anteil des erzielten Gesamtumsatzes und gleichzeitig auf die Kunden, die oftmals als Aushängeschilder für Referenzzwecke genutzt werden.

Ausgangspunkt hierfür war die Seminarreihe „KAM und Vertrieb in der Verzahnung“ für Mitarbeiter des Außendienstes und des Tendermanagements. Ziel dieses Seminars war es, den Teilnehmern das Aufgabenspektrum der KA-Mgr. darzustellen und das Zusammenspiel mit dem zukünftigen Kollegenkreis positiv zu beeinflussen. Hierbei ergab sich für den Autor die Möglichkeit, Vertriebsmitarbeiter aus den deutschen Niederlassungen in Gesprächen zu deren Aufgabenprofil und den Erwartungen an das Profil eines KA-Mgr. zu befragen.

Die Differenzierung der Aufgabenbereiche beider Arbeitsplätze ist aus zwei Gründen wichtig. Zum einen sind die Zuständigkeiten klar voneinander abzugrenzen, so dass „Revierüberschreitungen“, falls sie vorkommen, zügig erkannt und behoben werden können, ohne Reibungsverluste zu verursachen. Zum anderen trägt es zum Arbeitserfolg als Team bei, wenn Informationen weiterkommuniziert werden, die für beide Seiten von Interesse sind.

Kommunikation ist in einem Bereich, in dem Kundeninformationen zum Erfolg oder Misserfolg eines Geschäfts beitragen können, sehr wichtig. Ein Instrument, das bei der Verwaltung von Kundendaten ein wichtiges Hilfsmittel darstellt, ist ein zentrales CRM-System, auf das detailliert im Kapitel 4.5.3 eingegangen wird.

Um die Zuständigkeiten klar voneinander abzugrenzen, war es nötig, die Aufgabenschwerpunkte beider Funktionen zu gliedern und im Detail zu betrachten.

Folgende Aufgaben werden demnach dem Außendienst beziehungsweise dem KA-Mgr. zugeteilt:

	Klassischer Verkäufer	Key Account Manager
Verkaufs-ansatz	• Gute Kundenkenntnisse • Gutes Produkt- und Anwendungs-Know-How • Zeigt Produktvorteile auf • Typische Kontaktebene: Einkauf • Kennt die Vor- und Nachteile im Vergleich zum Wettbewerb	• Gute Kenntnisse der Absatzmärkte des Kunden • Exzellente Kenntnisse der Wertschöpfungskette des Kunden • Entwickelt Lösungen gemeinsam mit dem Kunden (→ Category Management) • Zeigt rechenbare betriebswirtschaftliche Vorteile auf • Genaue Kenntnisse der kundeninteren Entscheidungsabläufe (→ Multi-Level-Kontakte) • Kennt die strategische Positionierung einzelner Wettbewerber bei einzelnen Kunden
Perspektive	• Eher kurzfristig • Im Vordergrund steht der nächste Abschluss	• Eher mittelfristig • Im Vordergrund steht die Erstellung einer Relationship zum beidseitigen Vorteil (→ win-win-Position)
Verkaufs-kompetenz	• Hohe verkaufstechnische Fähigkeiten (→ Abschlusstechniken, etc.) • Gebietsmanagement (→ Optimierung der Besuchszahl und Routenplanung)	• Hohe soziale Fähigkeit gepaart mit Verhandlungsgeschick • Hohe analytische und planerische Fähigkeiten (Kundenanalyse, Kundenplanung)
Kooperation	• Tendenziell noch eher Einzelkämpfer	• Teamplayer führt häufig cross-functional zusammengesetzte Teams
Weitere Anforder-ungen	• Erfahrener Praktiker	• Erfahrener Praktiker mit Hochschulstudium • Projektmanagement Skills • Fremdsprachenkenntnisse • Geübt im Umgang mit unterschiedlichen Kulturen
Kundenanzahl	• Hohe Anzahl an betreuenden Kunden (80%)	• Betreuung weniger Kunden, durchschnittlich ein bis max. drei (20%)
Betreuungs-intensität	• Auf Grund der hohen Kundenzahl nur oberflächliche Betreuung	• Sehr intensive Betreuung, dient dem Aufbau von positiven Kundenbeziehungen
Regionalität	• Kunden liegen in spezifisch zugeteilten geografischen Vertriebsregion	• Kunden sind überregional zumeist sogar global tätig
Hierarchie	• Top-down, Vertriebsleitung gibt Ziele vor	• Bottom-up, Ziele werden vorgegeben, die Strategie zur Zielerreichung wird selbst erstellt • Selbstständigkeit wird vorausgesetzt, um Neugeschäfte zu identifizieren
Operative Kompetenz	• Fachkenntnisse im Tagesgeschäft • Verkaufsfähigkeiten / -taktiken	• Fachkenntnisse und mehrjährige Erfahrung im operativen/ logistischen Tagesgeschäft • Experten-Know-how z.B. aus einer spezifischen Branche • Methoden und Instrumente im Projektmanagement • Spezialwissen z.B. im Bereich IT, RFID, Warehouse Technologien • Fremdsprachenkenntnisse

Abbildung 12: Differenzierung Verkäufer zu Key Account Manager

Abgesehen von der Unterscheidung zwischen einem KA-Mgr. von einem klassischen Verkäufer, werden auch die Kunden klar differenziert, die der eine oder andere betreut.

4.3.3 Auswahlkriterien für die Bestimmung von Key Accounts

Ein Paradigma im Marketing besagt, dass „gute“ Kunden einen besonderen Stellenwert im Unternehmen genießen und daher „besonders“ intensiv zu betreuen sind. Beruft man sich ausschließlich auf solche Motive für die Betreuung im KAM, sind Schwierigkeiten unabwendbar.

Hier spielt das Durchsetzungsvermögen der Großkunden, die, wenn sich die Möglichkeit bietet, versuchen, für sie günstigere Konditionen zu erlangen oder einen enormen Betreuungsaufwand verursachen, erneut eine große Rolle. Dies führt eventuell dazu, dass mit dieser Art von Großkunden zwar hohe Umsätze erzielt werden, der Gewinn aber auf Grund überproportionaler Aufwendungen zur Umsatzerzielung ausbleibt.

Es ist demnach ratsam, nicht stets davon auszugehen, dass Großkunden geringere Kosten verursachen, höhere Preise dulden und positive Mund-zu-Mund Werbung betreiben[59].

Ob der jeweilige Kunde für ein Unternehmen nun wertvoll oder von großer Bedeutung ist, sollte demzufolge sehr gründlich in regelmäßigen Abständen geprüft werden (KAM-Analyse).

Trotz einer mehr als 30jährigen Erfahrung im KAM in Europa gibt es kein Patentrezept zur Bestimmung und Auswahl von KAs. Zwar sind vielfältige Ansätze zur Bewertung oder Festlegung von Kriterien zur Bestimmung potentieller KAs in der Literatur zu finden, jedoch gilt es für jedes Unternehmen, die Selektionskriterien festzulegen, die auf das eigene Unternehmen zugeschnitten sind und die die individuelle Branchensituation berücksichtigen.

---

[59] Vgl. Binckebanck, L., Herrmann, M., 2005, S. 168

4.3.3.1 Die sechs Kriterien zur Bestimmung von Key Accounts

Entscheidend für die Auswahl potentieller KAs ist die Vernetzung des Wertes für den KA mit dem Wert des KA für die Organisation, damit sich der Einsatz kostenintensiver Ressourcen lohnt. Beide Seiten sollten genügend Vorteile aus einer langfristigen Beziehung erwarten können.

Insgesamt wurden sechs Kriterien festgelegt, von denen mindestens vier erfüllt sein müssen, um den KA Status zu erreichen.

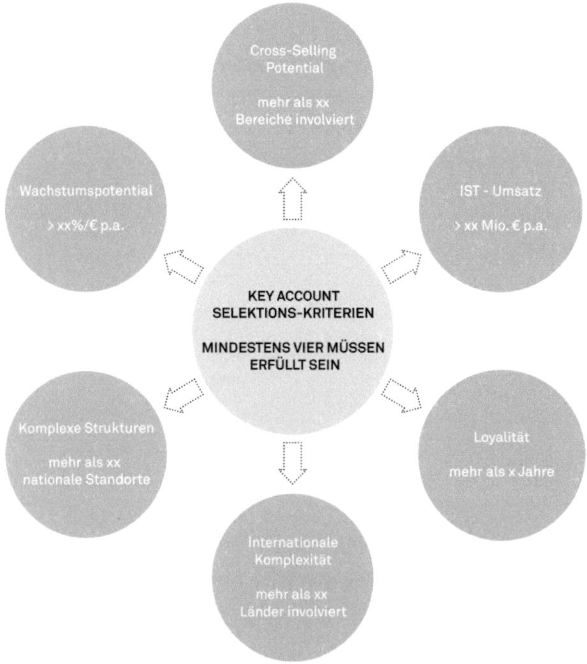

Abbildung 13: Die Key Account Selektionskriterien

Zusätzlich zu jedem dieser Selektionskriterium gehört noch eine quantitative Messgröße (z.B. IST-Umsatz größer 5 Mio. €, Loyalität mehr als 5 Jahre), welche hier aus Gründen der Vertraulichkeit nicht genannt werden.

Der Abgleich von Kundendaten mit den Kriterien wird zweimal jährlich auf Basis der Top-200 Kundenliste wiederholt, um sowohl positiven als auch negativen Entwicklungen der Kunden Rechnung tragen zu können.

Neben dem Begriff KA wird bei den Landesorganisationen zusätzlich der Begriff Top-Kunde verwendet. Diese sind die „Cash Cows“ des klassischen Verkäufers, mit denen bereits bedeutende Umsätze erzielt wurden, die aber bisher noch keine vier Selektionskriterien für KAs erfüllt haben. Es ist durchaus möglich, dass sich ein „ABC-“ oder Top-Kunde für das KAM Programm qualifiziert. Dieser wird als Target-KA bezeichnet. Genauso besteht die Gefahr, dass ein bisheriger KA aus dem Programm ausscheidet. Ein Austritt könnte beispielsweise dann erfolgen, wenn der Kunde über einen definierten Zeitraum hinweg keine vier Kriterien mehr erfüllt.

Für den anstehenden Implementierungsprozess haben sich nach Abgleichen der Selektionskriterien zwölf Pilot-KAs ergeben.

Die strategische Analyse der Pilot-KAs verfolgt das Ziel, ein möglichst vollständiges Profil über jeden KA aus folgenden Facetten zu erhalten:

- Strategie und Ziele des KA,
- Strukturen und Zuständigkeiten beim KA,
- Entwicklungsprozesse und Problemstellungen des KA,
- Bedürfnisse und Erwartungen des KA.

Um unnötige Aufwendungen durch die Auswahl nicht kooperationsbereiter Kunden zu vermeiden, sollte vorab ausreichend Zeit in die Auswahl der potentiellen KAs investiert werden. Es wäre in Anbetracht der Bedeutung, die die Auswahl der KAs darstellt, eine komplexere Selektion mit mehr als sechs Kriterien denkbar. Dies könnte jedoch dazu führen, dass neben wesentlichen Daten auch Nebensächlichkeiten berücksichtigt werden. Der Selektionsprozess verliert damit seine Übersichtlichkeit und die Gefahr, dass ungenaue Daten in den Auswahlprozess einfließen, steigt deutlich an. Sechs Kriterien reichen daher in der Regel aus, um die entscheidenden Daten potentieller KAs zu ermitteln, ohne den Prozess zu unübersichtlich zu gestalten[60].

4.3.3.2 Die Bewertung des Erfolgspotentials

Die Auswahlkriterien der Landesorganisation beruhen auf einem individuellen, mehrdimensionalen Verfahren. Alternativ wird in der Literatur auch ein eindimensionales Verfahren – wie etwa die Kundendeckungsbeitragsrechnung oder die ABC-Analyse – behandelt. Dieses Verfahren führt den Auswahlprozess jedoch zu oberflächlich durch und erzielt keine aussagekräftigen Ergebnisse, die den tatsächlichen Kundenwert widerspiegeln. Insbesondere bei der Relevanz der Kundeninformationen zeigen diese Verfahren ihre Schwäche, weil die herangezogenen Daten lediglich Momentaufnahmen einer Periode sind und keinen Bezug zu den Daten in der Vergangenheit herstellen[61].

Um den Kundenwert möglichst genau zu ermitteln, setzt die Landesorganisation eine angepasste Form der Scoring-Methode, einem mehrdimensionalen Verfahren ein. Der hierfür notwendige Kriterienkatalog ermöglicht die gleichzeitige Betrachtung aller definierten und gewichteten Selektionskriterien. Die Gewichtung erfolgt nicht durch einen zu multiplizierenden Ausgangswert, sondern durch zusätzliche Details, die aus Vertraulichkeitsgründen nicht genannt werden. Die Loyalität beispielsweise kann im Einzelfall höher oder niedriger gewichtet werden, je nachdem, wie lange eine Kundenbeziehung bereits andauerte. Je kürzer eine Geschäftsbeziehung besteht, desto geringer fällt die Gewichtung aus. Diese Gewichtung wurde bei jedem der sechs Kriterien hinsichtlich deren jeweiligen Einfluss auf das Gesamtergebnis durchgeführt.

---

[60] Vgl. Sieck, H., 2005, S. 73
[61] Vgl. Binckebanck, L., Herrmann, M., 2005, S. 171

Die Daten, die zur Prüfung der Kriterien herangezogen werden, sind periodenübergreifend von mindestens drei Jahren, um möglichst keine realitätsfernen Werte zu verwenden. Ein weiterer Vorteil des mehrdimensionalen Verfahrens ist die Berücksichtigung differenzierter Kriterien, nämlich monetäre und nicht-monetäre Aspekte.

Das Ergebnis der EU-Studie verdeutlicht, dass die gewählten Kriterien der Landesorganisation erfolgversprechend sind. Der potentielle und der gegenwärtige Umsatz wurden als wichtigstes Auswahlkriterium von 75% aller Unternehmen angegeben. Zusätzlich wurden auch das Cross-Selling-Potential, die Unternehmensausrichtung und die komplexe Struktur des Kunden sowohl von der EU-Studie, als auch in der weiterführenden Literatur, als entscheidungserheblich angesehen. Das Kriterium „Loyalität“ wurde dagegen im Ergebnis nicht aufgeführt. Das Unternehmen zieht es jedoch heran, um zu vermeiden, Neukunden von Anfang an den Status eines KA zu verleihen. So soll verhindert werden, dass die eingesetzten Ressourcen nicht verschwendet werden, wenn ein Kunde nach kurzer Vertragsdauer den Logistikdienstleister wechselt.

4.3.3.3 Ein mögliches siebtes Kriterium

Ein Kriterium, das in der Literatur häufig, hier bisher jedoch keine Berücksichtigung findet, ist die Image- oder Referenzwirkung, die ein potentieller KA besitzt. In der EU-Studie wurde es an fünfter Stelle genannt – von 40% aller Beteiligten.

Ausschlaggebend für die derzeitige Nichtberücksichtigung dieses Kriteriums ist die Komplexität der gesamten Implementierung. Um die Selektionskriterien nicht zu detailliert zu gestalten, werden vorerst die sechs bereits genannten Kriterien angewendet. Die Referenzwirkung gehörte nicht zu den Startkriterien, weil diese Einschätzung schwer überprüfbar und nicht quantifizierbar ist. Nach einer Eingewöhnungszeit jedoch soll dieses als siebtes Kriterium bei zukünftigen Analysen berücksichtigt und, zu gegebener Zeit, in den Auswahlkatalog eingearbeitet werden.

4.3.4 Informations- und Controllingsysteme im KAM

Nachdem bereits die Unternehmensstruktur angepasst und der Fokus auf strategisch wichtige Kunden ausgerichtet wurde, sind im letzten Schritt des KAM-Fundaments die geeigneten quantitativen und qualitativen Kontrollgrößen zu bestimmen. Um ein umfassendes und ausgewogenes Bild der Leistungsergebnisse zu erhalten, sind unterschiedliche Faktoren miteinander zu kombinieren und aus verschiedenen Perspektiven zu beleuchten.

Grundsätzlich gibt es zwei Vorgehensweisen, Kennzahlensysteme im KAM umzusetzen:

- Die **Top-Down Strategie:** Hierbei ist eine sehr schnelle Einführung unter Vermeidung von Widersprüchen in Bezug auf Entscheidungskompetenzen von Vorteil. Diese Delegationsstruktur wirkt jedoch in einer sich selbst steuernden Organisation – wie beispielsweise den Support-Teams – einengend. Wehren sich die Teammitglieder gegen diesen Ansatz, kann dies zum Scheitern dieser Strategie führen.

- Die **Bottom-Up Strategie:** Der Vorteil dieser Strategie ist der große Handlungsspielraum für das Support-Team, die Kennzahlen selbständig erarbeiten, die zusätzlich als Vorlage für andere Vertriebsbereiche genutzt werden können. Als nachteilig kann sich ein nicht ausreichender Reifegrad des Teams herausstellen, der dazu führt, dass mit dem eingeräumten Freiraum unverantwortlich umgegangen wird.

Somit empfiehlt sich eine Mischform nach dem Gegenstromprinzip. Die Geschäftsführung verantwortet die Gesamtstrategie und definiert Zielgrößen. Der KA-Mgr. erstellt eine Zielplanung auf Basis der vorgegebenen Zielgrößen. Diese kann erforderlichenfalls eine Korrektur der Zielvorstellungen der

Geschäftsführung bewirken. Dieses Vorgehen ist somit eine Kombination aus Top-Down und Bottom-Up, also eine Down-Up-Planung.

Wichtig ist, dass eine Einbindung in bereits bestehende Controllingsysteme erfolgt und Kennzahlen gewählt werden, die ein internes Benchmarking mit anderen Kunden erlauben.

Die spezifischen Kennzahlen sollen darstellen, welche Umsätze und welche Ergebnisse mit dem konkreten Geschäft erzielt werden und gliedern sich in folgende Bereiche:

- Kundenerfolg: Kennzahlen wie Umsatz, Deckungsbeitrag, Steigerungsraten,
- Kundenoperative: Kennzahlen, die häufig vom Kunden in den Projekten definiert und vorgegeben werden,
- Sonstige: Kennzahlen zur Meldung von Geschäftserweiterungen mit bestehenden Kunden.

4.4 Die organisatorische Ebene: KAM-Integration

Nach dem Abschluss des KAM-Fundaments ist die KAM-Integration der zweite Implementierungsschritt auf der organisatorischen Ebene, der Entscheidungsebene der Geschäftsführung.

In diesem Schritt gilt es zu untersuchen:

- welche Vertriebsstrukturen und Vertriebscontrolling Systeme heute im Unternehmen vorhanden sind und welche Möglichkeiten bestehen, die Erfordernisse des KAM zu integrieren,
- wo und in welcher Form KAM-Instrumente neu eingeführt werden,
- welche Themenbereiche in das Personalentwicklungsprogramm (PEP) der Unternehmensgruppe für KAM einzuplanen sind.

Zu den beiden ersten Prüfungspunkten verwenden die einzelnen Geschäftsbereiche individuelle, auf die jeweiligen Aktivitäten ausgerichtete IT-Vertriebssysteme zur Durchführung des operativen Tagesgeschäfts. Diese sind untereinander nicht kompatibel. Deshalb wurde ein Projekt zur Erarbeitung eines einheitlichen und zentralen Vertriebssystems initiiert.

Ein Sprichwort besagt: „Lernen ist wie rudern gegen den Strom". Sobald man aufhört, treibt man zurück. Den Fokus bei der KAM-Integration legt die Unternehmensgruppe aus diesem Grund auf die Anpassungen des Personalentwicklungsprogramms.

4.4.1 Anpassung der Weiterbildungsmöglichkeiten

Dieser Aufgabenbereich befasst sich demnach mit der Einführung eines PEP für KA-Mgr. mit dem Ziel, aus den eigenen Reihen KA-Mgr. zu ermitteln und gezielt auszubilden. Im Rahmen der Seminarreihe „KAM und Vertrieb in der Verzahnung" wurde der Bedarf an Weiterbildungsmaßnahmen ermittelt. Es beteiligten sich 53 Mitarbeiter an dieser Seminarreihe. Dies entspricht einem Großteil der Mitarbeiter, die zukünftig in direktem oder indirektem Kontakt zum KAM stehen werden. Das gewünschte Ergebnis, nämlich feststellen zu können, in welchen Bereichen sie sich gut vorbereitet sehen oder in welchen Bereichen noch ein erhöhter Schulungsbedarf besteht, konnte erzielt werden und wird für das zukünftige Angebot an Weiterbildungsmaßnahmen verwendet.

Bevor diese Ergebnisse dargestellt werden, galt es zunächst, die Voraussetzungen für eine erfolgreiche Integration zu schaffen. Folgende Aspekte bilden den Ausgangspunkt für die Gestaltung des PEP:

- Ermitteln des tatsächlichen Personalbedarfs an KA-Mgr.,
- Auswählen der Organisationsstruktur für das KAM,
- Festlegen der strategischen Zielrichtung für das KAM.

4.4.2 Personalbedarfsplanung

Der Personalbedarf an KA-Mgr. richtet sich nach der Anzahl zu betreuender Kunden. Jeder KA-Mgr. soll je nach Komplexität maximal zwei bis drei KAs betreuen. Für zwölf bereits definierte Pilot-KAs werden demnach sechs bis zehn KA-Mgr. benötigt. Im Vergleich liegt das Unternehmen damit sehr gut. 67% aller Unternehmen der Logistik-Studie gaben an, dass weniger als fünf KAs pro KA-Mgr. betreut werden.

Die Schwierigkeit, geeignete Mitarbeiter zu finden und diese möglichst aus dem Personalbestand des Unternehmens zu entwickeln, wurde bereits erläutert. Die zunächst gewählte Organisationsstruktur im KAM-Fundament hat vorgegeben, wie der Bereich KAM eingegliedert wurde. Im Rahmen der Verantwortlichkeit ist der KA-Mgr. disziplinarisch der Geschäftsführung unterstellt.

Ein erfolgreiches KAM benötigt eine zukunftsorientierte und konstante, strategische Personalentwicklung. Um dies zu gewährleisten, sind außer der Definition der Aufgaben eines KA-Mgr. und der systematischen Auswahl der KA-Mgr. folgende Arbeitsschritte erforderlich:

- Definition des Stellenprofils eines KA-Mgr.,
- Ermittlung von Personalentwicklungsmaßnahmen,
- Aufgaben und Zusammensetzung der Support-Teams,
- Definition des Entlohnungssystems für KA-Mgr.

4.4.3 Das Stellenprofil eines Key Account Managers

Der Umfang einer ausführlichen Stellenbeschreibung würde den Rahmen dieses Buches sprengen. Aus diesem Grund wird für das folgende Stellenprofil auf die bisherigen Ausführungen Bezug genommen und im Übrigen auf einzelne Aspekte nur exemplarisch eingegangen.

Grundfunktion

Der KA-Mgr. ist verantwortlich für die Integration und Einhaltung des KAM-Prozess im Unternehmen sowie die Betreuung und Weiterentwicklung eines oder mehrerer definierter KAs zur Steigerung des unternehmerischen Erfolgs.

Ziel

Der KA-Mgr. strebt das Ziel an, die Marktstellung des Unternehmens im Logistikbereich durch kundenspezifische Lösungen für die definierten KAs langfristig zu sichern und auszubauen. Im Vordergrund steht die enge, partnerschaftliche Beziehung zwischen KA und Unternehmen und die Erzielung von Win-Win-Potentialen.

Anforderungsprofil

Grundvoraussetzung soll prinzipiell ein abgeschlossenes wirtschafts-wissenschaftliches Studium sein. Darüber hinaus sollten folgende Fähigkeiten gegeben sein:

<u>Operative Kompetenz:</u>

- Fachkenntnisse und mehrjährige Erfahrung im operativen/ logistischen Tagesgeschäft aus einem oder mehreren Geschäftsbereichen;
- Experten Know-how, z.B. aus einer spezifischen Branche;
- Methoden und Instrumente im Projektmanagement;
- Spezialwissen, z.B. im Bereich IT, RFID, Warehouse Technologien;
- verhandlungssichere Englisch-Kenntnisse in Wort und Schrift; weitere Fremdsprachenkenntnisse sind von Vorteil.

<u>Business Kompetenz:</u>

- Fachkenntnisse und Erfahrungen im KAM;
- ausgeprägte strategische Kundenorientierung;
- Verhandlungsfähigkeit und Verhandlungstechniken;

- Nachhaltige Abschlusserfolge bei der Akquisition von Neugeschäften;
- Erfahrung im Cross-Selling;
- Analyse und Entwicklung von Geschäftsprozessen;
- Budgetplanungen und Kostenmanagement / Controlling.

Strategie Kompetenz:

- Methodenkompetenz in strategischen Themenstellungen und dementsprechend Erfahrungen im Einsatz von strategischen Instrumenten;
- Fachkenntnisse zu strategischen Analyseinstrumenten für das KAM;
- Analyse von strategischen Entwicklungen beim KA und die Entwicklung des Transfers auf die eigenen Potentiale zur Umsatzgenerierung beim Kunden;
- Vorausschauendes Planungs- und Abstraktionsvermögen.

Change Kompetenz:

- Methodenkompetenz;
- Erkennen von Veränderungsprozessen beim KA;
- Hohe Frustrationstoleranz;
- Zielorientiertes Vorgehen;
- Vernetztes Denken sowie Kreativität und Gestaltungsfähigkeit.

Führungskompetenz:

- Ausgeprägtes Informations- und Delegationsverhalten;
- Ziele setzen und vereinbaren;
- Durchsetzungsvermögen.

Soziale Kompetenz:

- Teamfähigkeit und Wertschätzung anderer Mitarbeiter;
- Konfliktfähigkeit;
- Interkulturelle Sensibilität.

Es ist unwahrscheinlich, dass ein Mitarbeiter alle Voraussetzungen im vollen Umfang erfüllt. Dass dies nicht nötig ist, ergibt sich aus folgender Grafik zum Soll-Profil eines Key Account Managers.

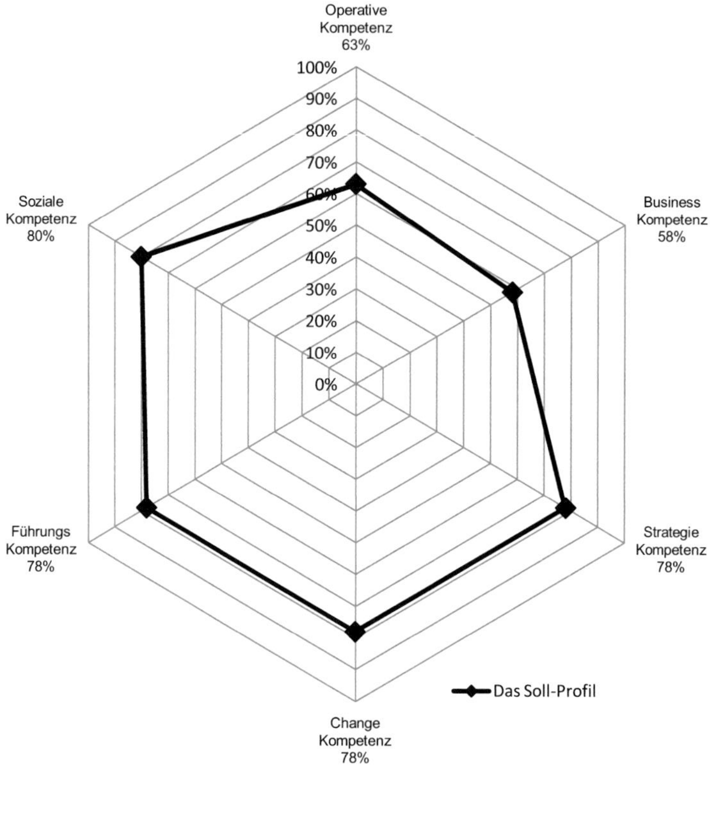

Abbildung 14: Das Soll-Profil eines Key Account Managers

Demnach sollte ein Mitarbeiter, um für den Bereich KAM geeignet zu sein, vor allem soziale Kompetenzen besitzen, um die Beziehungsebene zu seinem Key Account, einer der wichtigsten Faktoren, bestmöglich gestalten zu können.

Zu den Bereichen, in denen ein Mitarbeiter die Voraussetzungen nur zum Teil erfüllt, können die im folgenden erläuterten Schulungsmaßnahmen, Defizite abbauen.

4.4.4 Schulungsbedarf im Bereich KAM

Wie bereits dargelegt, wurden im Rahmen einer Seminarreihe Untersuchungen zum gegenwärtigen Stand der Weiterbildungsmaßnahmen für den Bereich KAM durchgeführt. Als Ergebnis lässt sich feststellen, dass in folgenden Bereichen zusätzliche Weiterbildungsmaßnahmen speziell für KA-Mgr. angeboten werden sollten:

Schulungsbedarf für „strategische Kompetenz“:

- Grundlagenvermittlung strategischer Arbeitsprozesse;
- Instrumente, Methoden und Analysewerkzeuge;
- Aktuellere Informationen zu den gegenwärtigen strategischen Überlegungen im Unternehmen.

Schulungsbedarf für „Change Kompetenz“:

- Grundlagen des Change Managements;
- Erfolgreiche Methoden im Change Management;
- Methoden zur Analyse von Veränderungsprozessen;
- Wege zur Sensibilisierung für Veränderungsprozesse.

Schulungsbedarf für „Business Kompetenz“:

- Verhandlungstechniken (selling skills), speziell für das KAM;
- Budgetplanung und Kostenmanagement;
- Bessere Ausnutzung des Cross-Selling-Potentials (unter Einbeziehung der Leistungspalette einzelner Geschäftsbereiche).

Sonstiger Schulungsbedarf:

- Methoden und Instrumente des Projektmanagements;
- Konfliktmanagement und Motivationstraining.

Abgesehen von diesen konkreten Bereichen zuordnungsfähigen Schulungswünschen, wurde angeregt, dass Informationsmanagement zu vereinfachen. Möglich wäre beispielsweise eine suchmaschinenähnliche Plattform zu entwickeln, mit deren Hilfe die Mitarbeiter interne Kompetenzen zur Behandlung von Problemstellungen nutzen können.

Das PEP ist sowohl für den KA-Mgr., dessen Funktion bereits näher beschrieben wurde, als auch für die Support-Teams gedacht, auf die im Folgenden näher eingegangen wird.

4.4.5 Key Account Support-Teams

Die Unternehmensgröße und Komplexität von KAs – insbesondere bei global tätigen Konzernen – ist in aller Regel sehr beträchtlich. Um diesen Kunden Problemlösungsstrategien anbieten zu können, benötigt der KA-Mgr. die Unterstützung der gesamten Organisation einschließlich eines unterstützenden Support-Teams. Auf die Praxis bezogen bedeutet dies, dass der KA-Mgr. in Abstimmung mit der jeweiligen Geschäftsführung für jeden der KAs ein Support-Team nominiert. Der KA-Mgr. leitet das Support-Team fachlich. Das jeweilige Team erhält einen klar definierten Auftrag, der sich aus der strategischen Zieldefinition des KAs ergibt. Das Team sollte den nötigen Freiraum erhalten (Down-Up-Planung), Strategiemaßnahmen eigenständig zu entwickeln.

Folgende operative Aufgaben können einem Support-Team zugeteilt werden:

- die KA Betreuung auf Basis der analysierten Zielstrategien,
- der Ausbau von Partnerschaften mit den jeweiligen KAs innerhalb des Tagesgeschäfts,
- die gemeinsame Entwicklung von Servicedienstleistungen mit dem Kunden,
- die Durchführung gemeinsamer Marketingaktivitäten zur Gewinnung von weiteren Marktanteilen.

Bei der Zusammenstellung der Support-Teams gilt es, die Interessen der KAs mit denen im Unternehmen zur Verfügung stehenden Ressourcen abzugleichen.

Die differenzierte Betrachtung des KA-Mgr. und der Support-Teams macht den Unterschied beider Funktionsträger deutlich. Der Aufgabenbereich eines KA-Mgr. ist sehr viel komplexer und strategischer ausgerichtet. Er beinhaltet die Gesamtverantwortung für den KA und führt zu einem engeren und persönlicheren Kontakt zu den Kunden. Das Support-Team hingegen konzentriert sich vorwiegend auf das operative Tagesgeschäft für den KA.

Deshalb sollte ein, den spezifischen Aufgaben eines KA-Mgr. entsprechendes, und auf diesen Personenkreis abgestimmtes Entlohnungssystem geschaffen werden.

4.4.6 Entlohnungssystem für Key Account Manager

Um den Prozess der KAM-Integration vollständig zu erfassen, wird ein durch den Autor erarbeitetes Konzept zur Entlohnung der KA-Mgr. vorgestellt.

Das Grundproblem und damit die besondere Herausforderung, die ein Entlohnungssystem für KA-Mgr. mit sich bringt, ist die hohe Komplexität der Aufgabenstellung. Aus diesem Grund ist es ratsam, ein eigenes System zu entwickeln, das den Erfordernissen im KAM gerecht wird. Dies bestätigt auch das Umfrageergebnis der EU-Studie bei dem 75% aller Top-Unternehmen angaben, ihre KA-Mgr. nach einem speziellen Entlohnungssystem zu bezahlen[62].

Eine Tendenz der letzten Jahre zeigt, dass Vergütungssysteme mehr variable Anteile enthalten, die gewährt werden, wenn vordefinierte Zielkriterien erfüllt werden[63]. Zielvorgaben sind wichtig, um dem Mitarbeiter das Konzept hinter seiner variablen Vergütung zu verdeutlichen. Mehr oder minder zufällig gezahlte Prämien sind aus Sicht des Mitarbeiters demotivierend. Wie diese nämlich zustande kommen und ob im nächsten Geschäftsjahr ein ähnlicher monetärer Zuschuss stattfindet, ist ungewiss[64].

Aus diesem Grund wurde ein System erarbeitet, bei dem zum Grundgehalt eine variable Vergütung hinzukommt, die sich aus mehreren Leistungsbestandteilen zusammensetzt und folgendes beinhaltet:

quantitativen Zielen:

- finanzwirtschaftliche Ziele (Umsatz, Deckungsbeitrag etc.)

und

qualitativen Zielen:

- Innovationsziele (Präsentation neuer Dienstleistungen)
- Kundenzufriedenheitsziele (Erreichung der Kundenziele)
- Prozessziele (Prozessoptimierung)

---

[62] Vgl. Zupancic, D., Belz, C., Bußmann W., 2005, S. 32
[63] Vgl. Homburg, C., Jensen, O., 2004, S. 31
[64] Vgl. Bickelmann, R., 2001, S. 286

Der variable Anteil soll als Motivationsfaktor empfunden werden. Das gesamte Entlohnungssystem jedoch dient, objektiv betrachtet, der Mitarbeiterführung und –steuerung. Folglich lassen sich die Unternehmensziele auf die Zielstrategien der KA-Mgr. übertragen.

Grund für diese Zusammensetzung des Gehalts ist der langfristig zu erzielende Erfolg, den ein KA-Mgr. mit seinen KAs anstreben soll. Im Gegensatz zu beispielsweise Aufsichtsratsvorsitzenden, die ihren Aktionären hohe Dividenden vorhersagen müssen, sollen KA-Mgr. nicht einer schnellen Umsatzerzielung entgegen eifern. Eine Zielvorgabe, wie etwa der Umsatz pro Quartal, wäre ein Negativbeispiel. Der Mix quantitativer und qualitativer Kriterien entschärft dieses Problem und richtet die Arbeit des KA-Mgr. auf langfristig zu erzielende Ergebnisse aus.

Somit entstand die Überlegung, dem KA-Mgr. ein hohes Fixum als Gehalt anzubieten, um den angesprochenen Druck der Zielvorgabenerfüllung nicht entstehen zu lassen. Grundsätzlich soll der Mitarbeiter für seine Kunden, wie auch für sich selbst Planungssicherheit empfinden und finanziell abgesichert sein. Dies erleichtert die Konzentration auf das Wesentliche und dient der Bindung des Mitarbeiters an das Unternehmen. Konkret soll die Höhe des Fixums ca. 80% betragen. Die restlichen 20% sind variabel und werden bei Erfüllung der angesprochenen Leistungsvorgaben gewährt.

Die Messung des durch den KA-Mgr. herbeigeführten Erfolgs ist sehr schwierig. Zum einen wächst der Kunde selbst entweder durch zusätzliche Geschäfte oder organisch durch Zukäufe. Alternativ realisiert der KA-Mgr. Maßnahmen, die den Kunden wachsen lassen, beziehungsweise die Gewinnmargen erhöhen. Beides sollte – idealerweise - auch Wachstum im eigenen Unternehmen nach sich ziehen. Die Unterscheidung, ob nun der KA-Mgr. oder der Kunde selbst dieses interne Wachstum generiert hat, ist kaum messbar. Der Weg, dies so gut wie möglich zu ermitteln, liegt in der Definition der qualitativen Zielkriterien. Diese können jährlich, auf Grundlage der Jahresplanung eines KA-Mgr. erstellt werden. Beispielsweise könnte ein Zielkriterium lauten: Verkürzung der Laufzeit für Portugalverkehre auf 48 Stunden durch Abstimmung der Produktions- und Abfahrtszeiten.

Eine weitere Herausforderung ist die Leistungszuordnung zu KA-Mgr. respektive den Support-Teams. Es kann zwischen zwei Verfahren gewählt werden: der geteilten oder der doppelten Anerkennung.

Die doppelte Anerkennung bewirkt, dass beide Parteien gleichermaßen honoriert werden. Wird ein Zusatzgeschäft über 100.000 Euro generiert, an dem beide beteiligt waren, erhalten alle Beteiligten den Zuspruch dieser 100.000 Euro für ihre Jahresbilanz.

Für das Entlohnungssystem fiel die Entscheidung auf die geteilte Anerkennung. Von den 100.000 Euro würden dann beispielsweise 30.000 Euro dem KA-Mgr. und 70.000 Euro dem Support-Team angerechnet, immer gemessen an der Leistung (Zielvereinbarung) des Einzelnen. Grund dafür ist die Motivationserhaltung und das Engagement der Mitarbeiter. Es wird sichergestellt, dass eine erfolgsorientierte Kundenbetreuung honoriert wird und gleichzeitig qualitativ hochwertig ist. Ein Mitarbeiter, der aktuell nicht zum Erfolg beitragen kann, wird motiviert, seine Bemühungen zu erhöhen. Nebenbei wird eine „Beschönigung“ der Umsatzzahlen verhindert beziehungsweise kein zusätzlicher Arbeitsaufwand produziert, den tatsächlich erzielten Umsatz am Quartals- oder Jahresende zu ermitteln.

Die Nennung einer genauen Zahl zur Höhe des Grundgehalts eines KA-Mgr. ist empirisch kaum zu erheben. Folgende Aussagen lassen sich jedoch treffen. KA-Mgr. werden deutlich höher vergütet als leitende Vertriebsmitarbeiter[65] und das Spektrum der Gehaltszusammensetzung ist weitläufig.

---

[65] Vgl. Tubridy, G., 1986, S. 13

Die Extreme reichen von einer ausschließlich fixen Vergütung bis zu einem variablen Anteil von 40%[66]. Die Höhe des Gehalts ist stark abhängig von der geographischen sowie inhaltlich Komplexität und des damit verbundenen Betreuungsaufwandes des Key Accounts. Bezugnehmen auf eine Online Gehaltstudie verdienen Key Account Manager mit Führungsverantwortung durchschnittlich 79.000 Euro im Jahr. Die Höhe kann einen positiven Motivationseffekt auslösen und somit dem Idealziel beitragen, die Fluktuation der KA-Mgr. auszuschließen. Welches die Bindung der Kunden an das eigene Unternehmen sichert und intensiviert.

Die Umsetzung der organisatorischen Ebene des St. Gallener KAM-Konzepts (KAM-Fundament/ -Integration) wurde ausführlich am Beispiel der deutschen Landesorganisation erläutert. Diese Ebene stellt das Gerüst zur Verfügung, damit ein systematisch eingeführtes KAM-Konzept funktionieren kann. Die nun zu behandelnde funktionale Ebene wird sich im Lebenszyklus des KAM erst nach und nach entwickeln.

4.5 Die funktionale Ebene: KAM-Analyse

4.5.1 Analyse der KAs

Dieser Prozess auf der funktionalen Ebene ist die Voraussetzung für eine erfolgreiche Realisierung der analysierten Zielstrategien. Das folgende Kapitel ist daher auf die Analyse der definierten KAs, gemäß den bereits vorgestellten Selektionskriterien, ausgerichtet. Der Analyseprozess ist abgeschlossen, wenn für jeden KA ein KA-Mgr. mit Support-Team nominiert und ein KA Entwicklungsplan erstellt und implementiert ist. Um Zielstrategien definieren zu können, stehen dem KA-Mgr. Tools zur Verfügung, die eine systematische Kundenanalyse vereinfachen.

---

[66] Vgl. Lockau, I., 2000, S. 304

4.5.2 Analyse Tools im KAM

4.5.2.1 Customer Account Summary

Das wichtigste Instrument ist das „**Customer Account Summary**“(CAS). Es wird in regelmäßigen Abständen mit der Leitung des europäischen KAM besprochen. Zudem bildet es die Basis für die jährlichen Zielvereinbarungsgespräche mit dem KA-Mgr. Eine konkrete Version liegt zur Verdeutlichung dieses komplexen Tools im Anhang bei. Das CAS gibt komprimiert Auskunft über allgemeine Informationen des jeweiligen KAs, über die mit diesem Kunden verfolgte Strategie und Ziele sowie über Kundenanforderungen, die vorausgesetzt werden. Im Fokus stehen jedoch folgende drei Bereiche: die **Beziehungsmatrix**, die **SWOT** (Strengths-Weaknesses-Opportunities-Threats)**-Analyse**[67] und der **„New Business Plan“**.

Die Beziehungsmatrix enthält:

- allgemeine Kundeninformationen,
- einen Überblick über bisherige Geschäfte und Maßnahmen,
- eine Zusammenfassung der Beziehungsebene zu den Kontaktpersonen und den Entscheidungsträgern bei den laufenden Geschäften,
- vereinbarte Termine und Meetings.

Das Ziel einer SWOT-Analyse ist es, sowohl den einzelnen Kunden als auch das eigene Unternehmen auf Stärken und Schwächen sowie Chancen und Risiken zu untersuchen[68]. Im CAS kann diese Analyse zur Identifizierung neuer Geschäftsmöglichkeiten herangezogen werden[69]. Sind die Stärken des Kunden ermittelt, können diese zur Steigerung des Erfolgs weiter gefestigt und

---

[67] SWOT steht im Deutschen für Stärken-Schwächen-Möglichkeiten-Risiken. Diese Analysemethode setzt Chancen und Risiken in den Zusammenhang mit unternehmerischen Stärken und Schwächen.

[68] Vgl. Bea, F., Haas, J., 2001, S. 116f

[69] Vgl. Sieck, H., 2005, S. 154

entwickelt werden. Außerdem können festgestellte Schwachpunkte als Potentiale betrachtet werden, die entweder ausgeglichen oder im Idealfall zu Stärken werden können. Die ermittelten Chancen aus der Weiterentwicklung dieses Kunden können gezielt unterstützt werden, um auch für diese Geschäfte die eigenen Dienstleistungen anbieten zu können. Die Risiken bei einem KA können sich auch auf das eigene Unternehmen auswirken. Dessen Unterstützung bei der Risikominimierung kommt daher auch dem eigenen Unternehmen zugute.

Der **New Business Plan** (NBP) stellt die ermittelten potentiellen Zusatzgeschäfte und die dafür erforderlichen Maßnahmen detaillierter dar. Es soll erreicht werden, die bisherigen Kontakte zu diesem Kunden zu nutzen, um Kontakt- und Entscheidungspersonen zu ermitteln, die für das Zusatzgeschäft verantwortlich sind.

Der NBP umfasst folgende Informationen:

- die Daten über angestrebte Umsatzsteigerungen,
- mögliche Zusatzgeschäfte, den angestrebten Umsatz und Zeitpunkt,
- das Zusatzgeschäft betreffende Initiativen, wer dafür verantwortlich ist und wann diese gestartet werden,
- die ermittelten Kontaktpersonen oder Entscheidungsträger und das Verhältnis zu diesen,
- vereinbarte Termine und Meetings

Die im CAS zusammengefassten Informationen wurden in ähnlicher Form auch bisher zusammengetragen. Die allgemeine Zugänglichkeit zu diesen Daten war jedoch eingeschränkt, weil verschiedene Ländergesellschaften unterschiedliche Ziele bei der Datenermittlung verfolgten. Somit blieben Informationen vorenthalten, lagen in unterschiedlichen Standards vor (Text oder multiple choice), in ungleichen Währungen und mit unterschiedlichen Zeitbezügen (pro Monat / Jahr).

Um die genannten Informationsdaten zu standardisieren und vergleichen zu können, wurde die CAS, das bedeutendste KAM Tool, entwickelt. Zusätzlich wurden, um die Gefahr von Fehleingaben zu vermeiden, an allen geeigneten Stellen drop-down Menüs hinterlegt. Zum aktuellen Zeitpunkt werden die gewonnenen Informationen in die im Anhang abgebildete Excel Tabelle eingetragen. Langfristig sollen die Angaben zentral in einem CRM-Tool erhoben und verwaltet werden.

4.5.2.2 Customer Account Plan in detail

Ein weiteres Tool, das dem KA-Mgr. Hilft, seine Abläufe besser zu strukturieren, ist der „Customer Account Plan in detail". Dieser enthält zusätzliche Detailinformationen sowie eine Tages- und Jahresplanung aller durchzuführenden Aktivitäten, Besuche, Meetings. Es ist quasi der Notizblock des KA-Mgr.s, damit keine Informationen verloren gehen können, sobald sie eingetragen sind.

4.5.2.3 Supply Chain Map

Die „Supply Chain Map" dient der Eigenkontrolle des KA-Mgr. und zur Darstellung des operativen Geschäfts von der Beschaffung bis zu den Kunden des KAs. Diese verdeutlicht, welche Dienstleistungen der Kunde bereits in Anspruch nimmt und wo eventuell nicht das eigene Unternehmen, sondern ein Wettbewerber Leistungen für den KA erbringt. Es ist durchaus hilfreich, die Supply Chain Map an eine Wand im Büro zu hängen, um die Prozesse des Kunden zu studieren und vor Augen zu haben.

4.5.2.4 Customer Sector Strategy

Die „Customer Sector Strategy", enthält Informationen über das Marktumfeld von Kunden, sortiert nach Branchen. Es wird zentral erstellt, gepflegt und den KA-Mgr. zur Verfügung gestellt. Dieses Tool wird im Laufe der Zeit durch ständige Informationszuwächse und Aktualisierungen immer wertvoller. Die

Datensammlung ist schwierig. Hilfreich sind jedoch Informationen wie etwa von Logistik-Immobilienanbietern, die umfangreiche Kenntnisse zu neuen oder freiwerdenden Objekten und folglich gute Marktkenntnisse besitzen.

Die Anwendung dieser Tools ist ein weiteres Beispiel für den „gemäßigten Start" des KAM. Zwar werden die Daten standardisiert erfasst und bereitgestellt, Ziel ist es jedoch, dies innerhalb eines zentralen CRM-Systems abzudecken, und nicht in Excel Dateien.

4.5.3 Ermittlung eines geeigneten CRM-Systems

Wie in der Einleitung erwähnt, sollte ein CRM-System auf die spezifischen Anforderungen eines Unternehmens zugeschnitten werden. Die Voraussetzungen in diesem Unternehmen sind folgendermaßen: Bisher werden vier verschiedene CRM-Systeme (CIS, SAM, SugarCRM und Vtiger) im Vertrieb verschiedener Geschäftsbereiche und Länder eingesetzt. Diese sind untereinander nicht kompatibel oder vernetzt.

CIS stammt vom Marktführer für CRM Anwendungen in der Logistik, der Firma LOGO consult[70] AG, SAM wurde von der Firma Arena Software[71] entwickelt und SugarCRM[72] sowie Vtiger[73] sind eine Open Source[74] Lösungen.

Im dritten Quartal 2008 fand eine Bewertung der Systeme durch ein Projektteam anhand eines umfangreichen Anforderungskataloges statt. Zusätzlich wurden die Anbieter eingeladen, vor den zukünftigen Anwendern ihr System mit allen Funktionalitäten zu demonstrieren. Ziel dieser Demonstration

[70] Mehr Informationen unter www.logo-consult.com.
[71] Mehr Informationen unter www.arena-software.com.
[72] Mehr Informationen unter www.sugarcrm.com.
[73] Mehr Informationen unter www.vtiger.de
[74] Open Source ist eine Software, deren Quelltext öffentlich zugänglich ist und in Eigenregie oder innerhalb einer Community weiterentwickelt wird..

ist, dass die zukünftigen Anwender vorab entscheiden können, welches System ihnen am praktikabelsten erscheint.

Zukünftig soll das CRM-System die bisher in die oben genannten Tools eingegebenen Daten beinhalten und allen berechtigten Mitarbeitern zur Verfügung gestellt werden. Somit kann verhindert werden, dass Ressourcen ineffizient eingesetzt werden, weil Informationen mehrfach gesammelt wurden. Das CRM-System löst dieses Problem und ist nach seiner geplanten Implementierung ein weiterer Schritt zu einem ganzheitlichen KAM-Konzept.

4.6 Die funktionale Ebene: KAM-Realisierung

Der ausführliche Analyseprozess ist die Voraussetzung für eine erfolgreiche Realisierung der definierten Zielstrategien für den Key Account durch den Key Account Manager. Wurden Potentiale beim Kunden analysiert, ist es der KA-Mgr., der den Kunden überzeugt, eine Veränderung mit positiven Erfolgsaussichten für den Kunden und das eigene Unternehmen (Win-Win) einzuleiten. Entscheidend hierbei ist es, dem Kunden die „Angst“ vor Veränderungen zu nehmen. Voraussetzung dafür ist absolute Ehrlichkeit bezüglich aller, den Veränderungsprozess betreffenden Maßnahmen sowie der ermittelten Kosten. Der Kunde soll dadurch realisieren, dass die angeratene Veränderung Probleme abbaut, Kosten langfristig reduziert und Synergien entwickelt. Um dies zu erreichen, müssen die Ideen Schritt für Schritt erläutert werden. Dabei sind der Kreativität des Key Account Managers keine Grenzen gesetzt.

5 Schlussbetrachtung

Der Weg einer erfolgreichen Implementierung wurde entlang den Planungen und Ergebnissen für diese Logistikgruppe erläutert. Die Voraussetzungen für ein erfolgreiches KAM sind somit geschaffen:

- Der Vorstand zeigt seine volle Bereitschaft, die strategische Bedeutung eines einheitlichen KAM für das Gesamtunternehmen zum Erfolg zu bringen.
- Das Top-Management unterstützt das KAM Programm, nimmt die erforderlichen Aufgaben an und geht die nötigen Kompromisse ein.
- Die Key Account Manager „leben" täglich die KAM-Unternehmenskultur innerhalb ihrer Aufgaben im KAM vor.

Die Aufgaben des KAM sind im Vergleich zu denen des klassischen Vertriebs komplexer. Eine Steigerung des KAM wird erreicht, wenn vom „Global KAM" gesprochen wird. Diesen Trends der nächsten Jahre wird auch diese Unternehmensgruppe begegnen, allerdings mit anderen Voraussetzungen. Es existiert bereits ein systematisches KAM-Konzept.

Die Planungen hierfür sind bereits angelaufen und bewegen sich analog zu den Maßnahmen in Europa mit folgenden Besonderheiten:

- es wird geprüft, welche Kunden eine globale Betreuung erfordern,
- die unter anderem aus diesem Grund ausgewählte Matrixfunktion sollte zentralisiert auf alle Ländergesellschaften/ Regionen angepasst werden,
- das ausgewählte CRM Tool muss der globalen Ausweitung standhalten.

Um auch international langfristig erfolgreich zu sein, gilt es, den Wachstumstrend fortzusetzen. Dies kann, wie erwähnt, durch den Ausbau der Bestandskunden geschehen. Dem KAM wird, um sich von seinen Wettbewerbern hervorzuheben, insgesamt eine große Bedeutung zugeteilt. Dieser Trend wird sich auch in den kommenden Jahren fortsetzen. Deutschland, bisher noch als Nachzügler des KAMs betrachtet, weist demzufolge große Potentiale auf. Um dem Konzentrationstrend zu widerstehen, wird es nötig sein, immer engere Partnerschaften mit seinen Kunden einzugehen, um diese langfristig zu binden und Win-Win-Potentiale zu generieren. Folglich wächst die Abhängigkeit von einigen, wenigen, bedeutsamen Kunden und analog dazu die Abhängigkeit zu dem betreuenden KA-Mgr.[75].Die Verantwortung, die ein KA-Mgr. trägt, ist enorm. Es gilt also innerhalb des Personalentwicklungsprogramms und Entlohnungssystems, diesen Mitarbeitern eine besondere Bedeutung zuzuteilen.

Die Unternehmensgruppe hat diese zukunftsweisenden Anforderungen erkannt und realisiert. Einer der Top Logistikdienstleister in Deutschland und Europa scheint auf einem guten Weg zu sein. Gerade in der aktuellen wirtschaftlich schwierigen Zeit wird es ein entscheidender Erfolgsfaktor sein, das Geschäft mit bestehenden Kunden auszuweiten, anstatt Neukunden zu akquirieren. Die kaum zu vermeidenden Schwierigkeiten beim Anlauf von Neugeschäften verursachen einen enormen zusätzlichen Zeitaufwand, umfangreiche Investitionen und binden personelle Ressourcen. Hat man seinen Fokus jedoch auf die Betreuung und Geschäftsausweitung der KAs ausgerichtet, können solche Ressourcen größere und zudem schnellere Erfolge erzielen. Das beschriebene Unternehmen folgt diesem Trend und wird sich in Zukunft erfolgreich seinen Wettbewerbern stellen können.

Die Wirtschaftskrise „trennt die Spreu vom Weizen“. Folglich wird es Verlierer und Gewinner dieser Krise geben. Diese Unternehmensgruppe hat diesbezüglich die nötigen Vorkehrungen getroffen, um als Gewinner dieser Krise zu gelten und bei der Vergabe freigewordener Marktanteile[76] gut aufgestellt zu sein.

---

[75] Vgl. Zupancic, D., Belz, C., Bußmann W., 2005, S. 39
[76] Vgl. Dannenberg, H., 1/2009, S. 3

Anhang

Anhang 1: CAS Screenshot: SWOT und Allgemeininformation 64

Anhang 2: CAS Screenshot: New Business Plan und Beziehungsmatrix 65

Anhang 3: Die Supply Chain Map 66

Anhang 4: Fragen 1-3 und Ergebnisse der Logistik-Studie 67

Anhang 5: Fragen 4-5 und Ergebnisse der Logistik-Studie 68

Anhang 1: CAS Screenshot: SWOT und Allgemeininformation

General Information	
Customer:	
Address:	
Executive Sponsor:	
Customer owner:	

Customer Summary		
Customer since:		
Industry Sector:		
Buying Decision:		
Creditworthiness:		

Additional Information about the customer:

Customer Strategy

SWOT Analysis	Forwarder Perception	Customer Perception
STRENGTHS	▪	▪
WEAKNESSES	▪	▪
OPPORTUNITIES	▪	
THREATS	▪	

Anhang 2: CAS Screenshot: New Business Plan und Beziehungsmatrix

Existing operations

Summary

Operation	Revenue in Euro	Profit in Euro	Contract
Total	- €	- €	

New Business

Revenue Growth plan in Euro

2009	2010	2011	2012	2013
- €	- €	- €	- €	- €

Value of Current Opportunities

Kind of new business	Periode	Estimated Revenue in Euro p.a.	Estimated Profit in Euro p.a.	Timing
Revenue in Total per Periode		- €	- €	

Additional information about existing business:

Customer requirements:

Action Plan

Kind of existing business	Necessary Action	Responsible	Due date

Key initiatives

Kind of new business	Necessary Action	Responsible	Due date	Status with reasons

Relationship Summary

Forwarder / Customer	Location	Name of contact	Function	Decision Role	Relationship	How to improve relationship	Responsible	Status

Anhang 3: Die Supply Chain Map

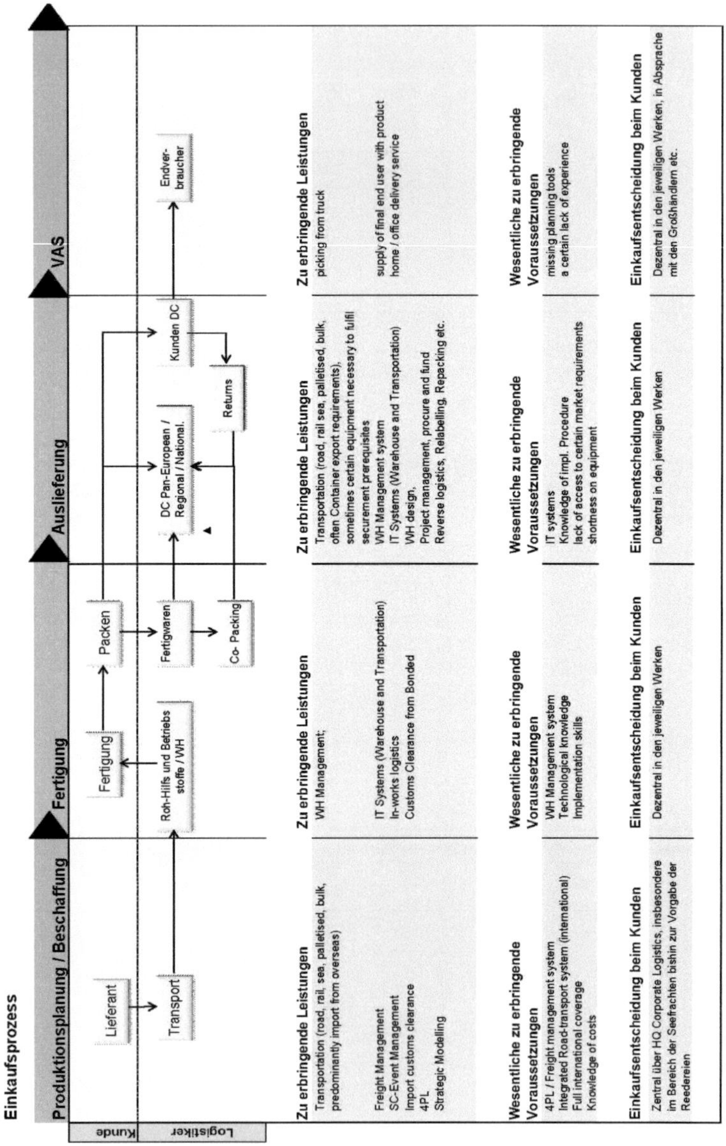

Anhang 4: Fragen 1-3 und Ergebnisse der Logistik-Studie

1. Wieviele Mitarbeiter beschäftigen Sie in Ihrer Firma?

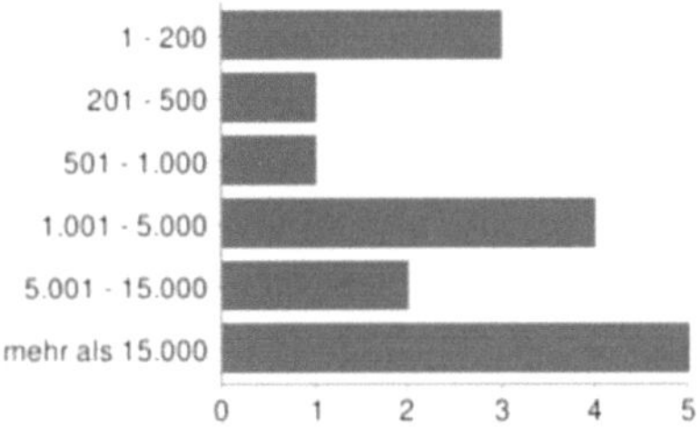

1 - 200	**3**	19%
201 - 500	**1**	6%
501 - 1.000	**1**	6%
1.001 - 5.000	**4**	25%
5.001 - 15.000	**2**	13%
mehr als 15.000	**5**	31%

2. Wo ist der Bereich Key Account Management in Ihrem Unternehmen eingegliedert?

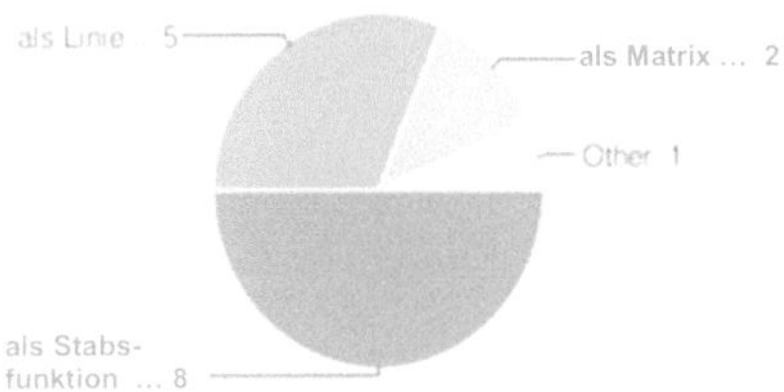

als Stabsfunktion z.B. der Geschäftsführung unterstellt	**8**	50%
als Linienfunktion mit Anordnungsbefugnis geg. untergeordneten Stellen	**5**	31%
in einer Matrixorganisation	**2**	13%
Other	**1**	6%

3. Wie viele Key Account Manager beschäftigen Sie?

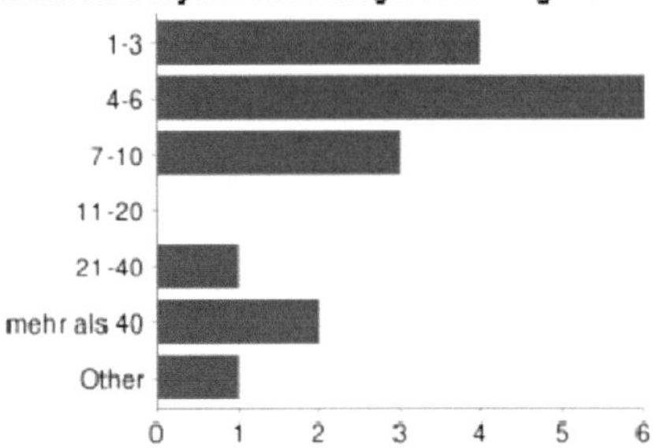

1-3	**4**	24%
4-6	**6**	35%
7-10	**3**	18%
11-20	**0**	0%
21-40	**1**	6%
mehr als 40	**2**	12%
Other	**1**	6%

Anhang 5: Fragen 4-5 und Ergebnisse der Logistik-Studie

4. Wie viele Key Accounts werden pro Key Account Manager betreut?

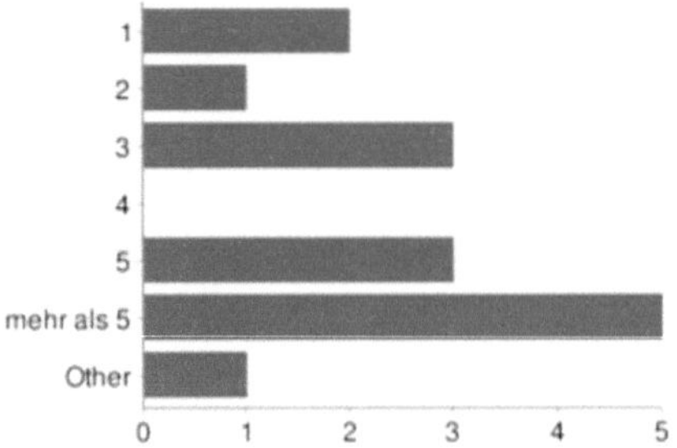

1	**2**	13%
2	**1**	7%
3	**3**	20%
4	**0**	0%
5	**3**	20%
mehr als 5	**5**	33%
Other	**1**	7%

5. Verwenden Sie als Grundmodell Ihres Key Account Managements das St.Galler Key Account Management Konzept?

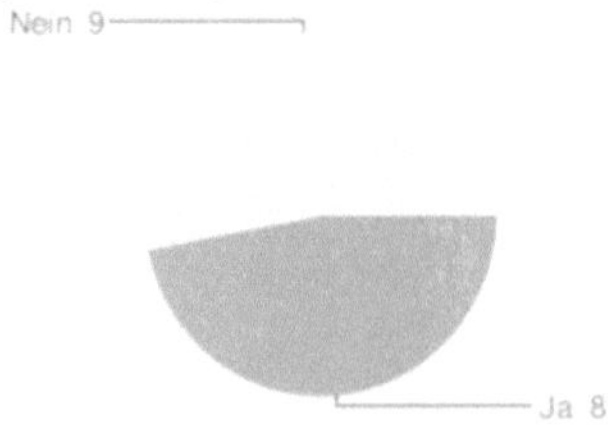

Ja	**8**	47%
Nein	**9**	53%

zu 5.: Wenn JA - wie lange wenden Sie dieses bereits an?

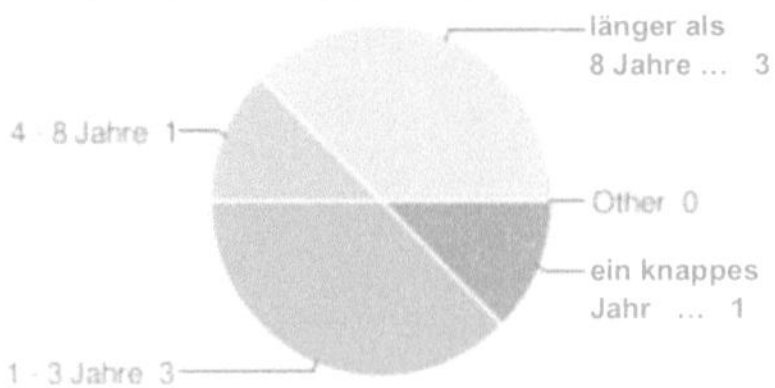

ein knappes Jahr	**1**	13%
1 - 3 Jahre	**3**	38%
4 - 8 Jahre	**1**	13%
länger als 8 Jahre	**3**	38%
Other	**0**	0%

Literaturverzeichnis

Bea, Franz X. / Haas, Jürgen: *Strategisches Management*, 3., neu bearbeitete Auflage, Lucius & Lucius Verlagsgesellschaft mbH, Stuttgart **2001**

Belz, Christian / Müllner, Markus / Zupancic, Dirk: *Beitrag für die Loseblattsammlung „Verkauf" - Key Account Management Teil 3 - Das St.Galler KAM-Konzept – Ganzheitliches Key Account Management*, Symposium Publishing, **2002**

Belz, Christian / Müllner, Markus / Zupancic, Dirk: *Spitzenleistungen im Key Account Management Das St. Galler KAM-Konzept*, Thexis Verlag, St Gallen **2004**

Belz, Christian / Senn, Christoph: *Richtig umgehen mit den Schlüsselkunden*, HARVARD BUSINESSmanager, Nr.2, **1995**

Bickelmann, Rolf: *Key Account Management, Erfolgsfaktoren für die Kundensteuerung – Strategien, Systeme, Tools*, 1. Auflage, Verlag Dr. Th. Gabler GmbH, Wiesbaden **2001**

Biesel, Hartmut H.: *Key Account Management erfolgreich planen und umsetzen*, 1. Auflage, Betriebswirtschaftlicher Verlag Dr. Th. Gabler GmbH, Wiesbaden **2002**

Binckebanck, Lars / Herrmann, Michael: *Der Kundenwert als Basis erfolgreichen Key Account Managements – das Beispiel Kappa,* in: Zupancic, Dirk / Belz, Christian / Bußmann, Wolfgang F.: *Best Practice im Key Account Management erfolgreiche Bearbeitung von Schlüsselkunden nach dem St.Galler KAM_Konzept*, Redline Wirtschaft, Frankfurt **2005**

Dannenberg, Holger, in: *Vertrieb Beratungsbrief*,o.Jg., Ausgabe 1/ **2009**

Diller, Hermann: *Marketingforschung Aktuell - Erfolgreiches Key Account Management*, Wissenschaftliche Gesellschaft für Innovatives Marketing e.V., Nürnberg **2003**

Freund, Jakob / Götzer, Klaus: *Vom Geschäftsprozess zum Workflow – Ein Leitfaden für die Praxis*, Carl Hanser Verlag, München **2008**

Freund, Julia / Ebers, Mark: *bdvb-Award Geschäftsprozess- und Projektmanagement Band 5 Prozessmanagement Praktische Anwendung und weiterführende Ideen – Konzept zur strukturierten Analyse, Modellierung und Optimierung von Geschäftsprozessen*, Gerrit Buchenau, Steffen Rietz und Michael Giebel (Hrsg), Logos Verlag, Berlin **2008**

Götz, Peter: *Schriften zum Marketing Band 39 - Key Account Management im Zuliefergeschäft*, Duncker und Humblot, Berlin **1995**

Homburg, Christian / Jensen, Ove: *Institut für Marktorientierte Unternehmensführung, Reihe: Management Knwo-how Nr. M 85, KAM-Excellence – Key-Account –Management mit System*, Institut für Marktorientierte Unternehmensführung Universität Mannheim, Mannheim **2004**

Homburg, Christian / Workman, John P. / Jensen, Ove: *Institut für Marktorientierte Unternehmensführung, Reihe: Wissenschaftliche Arbeitspapiere Nr. W 53, A Configurational Perspective on Key Account Management*, Institut für Marktorientierte Unternehmensführung Universität Mannheim, Mannheim **2002**

Jensen, Ove: *Key-Account-Management Gestaltung – Determinanten – Erfolgsauswirkungen*, 2. Auflage, Deutscher Universitäts-Verlag, Wiesbaden **2004**

Lockau, Ina: *Organisation des Global-Account-Management im Industriegütersektor*, Erich Schmidt Verlag Gmbh & Co., Berlin **2000**

Masing, Walter: *Planung und Durchsetzung der Qualitätspolitik im Unternehmen – zentrale Prinzipien und Problembereiche, in:: Dienstleistungsqualität: Konzepte, Methoden, Erfahrungen*, 2. Auflage, Stauss, Bernd & Bruhn, Manfred [Hrsg] Betriebswirtschaftlicher Verlag Dr. Th. Gabler GmbH, Wiesbaden **1995**

Mayring, Philipp: *Qualitative Inhaltsanalyse: Grundlagen und Techniken*. 7. Auflage, Dt. Studien-Verlag, Weinheim **2000**

Melzer-Ridinger, Ruth / Neumann, Alexander: *Dienstleistung und Produktion*, Physica Verlag, Heidelberg **2009**

Rajola, Frederico: *Customer Relationship Management – Organizational and Technological Perspectives*, Springer Verlag, Heidelberg **2003**

Rapp, Reinhold / Storbacka, Kaj / Kaario, Kari: *Strategisches Key Account Management – Mit CRM den Kundenwert steigern*, 1.Auflage, Betriebswirtschaftlicher Verlag Dr. Th. Gabler GmbH, Wiesbaden **2002**

Rau, Harald: *Key Account Management Konzepte für wirksames Beziehungsmanagement*, Betriebswirtschaftlicher Verlag Dr. Th. Gabler GmbH, Wiesbaden **1994**

Reichwald, Ralf / Bullinger, Hans-Jörg: *Vertriebsmanagement Organisation – Technologieeinsatz – Personal*, Schäffer-Poeschel Verlag, Stuttgart **2000**

Schmitz, Christian: *Strategische Bedeutung und organisatorische Verankerung des Key Account Management*, in: Zupancic, Dirk / Belz, Christian / Bußmann, Wolfgang F.: *Best Practice im Key Account Management erfolgreiche Bearbeitung von Schlüsselkunden nach dem St.Galler KAM-Konzept*, Redline Wirtschaft, Frankfurt **2005**

Senn, Christoph: *Key-Account-Management für Investitionsgüter – Anforderungen – Methodik – Erfolgsfaktoren*, Rosch-Buch, Hallstadt **1996**

Seidenschwarz, Werner: *Marktorientiertes Prozessmanagement – Wie Process Mass Customization Kundenorientierung und Prozessstandardisierung integriert*, 2. Auflage, Verlag Franz Vahlen GmbH, München **2008**

Sidow, Hans D.: *Key-Account Management: Wettbewerbsvorteile durch Kundenbezogene Verkaufsstrategien*, 2. Auflage, Moderne Industrie Verlag, Landsberg/ Lech **1993**

Sidow, Hans D.: *Key-Account Management: Wettbewerbsvorteile durch Kundenbezogene Strategien*, 3. völlig überarbeitete und aktualisierte Auflage, Moderne Industrie Verlag, Landsberg/ Lech **1997**

Sieck, Hartmut: Key *Account Management im Mittelstand*, 1. Auflage, WILEY-VCH Verlag GmbH & Co. KGaA, Weinheim **2005**

Storp, Nancy: *Key Account Management und E-Commerce*, Gesellschaft für Innovatives Marketing e.V. Verlag, Nürnberg **2001**

Tubridy, Gary: *How to pay national account managers*, in: Sales and Marketing Management, o.Jg. **1986**

Voigt, Serge, in: LOGISTIK inside: *Die Top 50 Logistikdienstleister*, 7. Jahrgang, Ausgabe 09 September **2008**

Wirtschaftslexikon: *Das Wissen der Betriebswirtschaftslehre*, Band 7, Schäffer-Poeschel Verlag, Stuttgart **2006**

Zupancic, Dirk: *International Key Account Management Teams – Koordination und Implementierung aus der Perspektive des Industriegütermarketing*, Thexis Verlag, St Gallen **2001**

Zupancic, Dirk / Belz, Christian / Bußmann, Wolfgang F.: *Best Practice im Key Account Management erfolgreiche Bearbeitung von Schlüsselkunden nach dem St.Galler KAM Konzept*, Redline Wirtschaft, Frankfurt **2005**

Internet Quellenverzeichnis

- Logistikwörterbuch, online, URL:
  http://www.logistikwoerterbuch.or.at/Lead-Logistics-Provider.346.0.html
  am 25.02.2009

- Mercuri International, online, URL:
  http://www.mercuri.net/site/de-DE/Über+uns/Frontpage.htm am 20.02.2009

- Vertrieb Beratungsbrief, online, URL:
  http://www.mercuri.net/NR/rdonlyres/4611ECE2-082C-46FE-A1FE-F0D652F56124/0/Vertrieb0109.pdf am 23.02.2009

- Manager: Gehalt nach Bereichen, online, URL
  http://www.management-jobs.stepstone.de/content/de/de/b2c_Manager_Gehalt_nach_Bereichen.cfm am 27.02.2009